少年游学

跟着课本游中国

日知图书◎编著

北方妇女儿童出版社
·长春·

前言

语文课上，你是否为诗人笔下描绘的大好山河而激动不已？

历史课上，你是否幻想着能够亲眼看看未被毁坏前的圆明园是何等瑰丽？

地理课上，你是否难以想象出丹霞地貌、喀斯特溶洞等地质景观的壮观？

亲爱的少年，去探索广阔的世界吧！读万卷书固然重要，但行万里路更能开阔视野和才能。走出教室，亲手触摸、亲眼去看，才能深刻理解书本中每段文字背后的价值和意义。

踏入叶圣陶笔下的苏州园林，领悟中国古代雅致、恬淡的审美理念。

登上见证了无数历史大事件的西安古城墙，感受历史的沧桑与激情。

去听丝绸之路上的驼铃声声，惊叹于风沙之间大自然的鬼斧神工。

去看被誉为人间仙境的桂林山水，震撼于自然赋予这片土地的无限生命力。

这是属于你的世界。锦绣山河，神州大地，正等着你去探索。

若你决定灿烂，山无遮，海无拦。请以青春之名，书写对这片土地的热爱！

目录

PART 1

语文课 欢迎来看书中景

PART 2

历史课 这座古城有点故事

PART 3

地理课 探秘奇特的地形地貌

PART 1

语文课 欢迎来看书中景

苏州“园”来如此

课文回放

苏州园林据说有一百多处，我到过的不过十多处。其他地方的园林我也到过一些。倘若要我说说总的印象，我觉得苏州园林是我国各地园林的标本，各地园林或多或少都受到苏州园林的影响。因此，谁如果要鉴赏我国的园林，苏州园林就不该错过。

——叶圣陶《苏州园林》（节选）
（人教版语文·八年级上册）

宋代词人贺铸在苏州时曾写下怀想佳人的名句“试问闲愁都几许？一川烟草，满城风絮，梅子黄时雨”。而今，昔日的才子佳人都已远去，但苏州还是那个苏州，在每个暮春时节，它坐拥着千年光阴，静默守候着来来往往的过客，虽无言却胜过万语千言。

水是苏州的灵魂

苏州位于江苏省东南部，北依长江，西临太湖，隋代开凿的京杭运河包围着古城墙，环绕着苏州城区，城中又有纵横交错的河道。13 世纪来到中国游历的意大利旅行家马可·波罗，见到苏州水系发达，河道上舟船来往、商贾如云，曾将苏州称为“东方威尼斯”。

水是苏州的灵魂。密布的湖泊水网与温和宜人的气候，使苏州成为著名的“鱼米之乡”，自宋代就有“苏湖熟，天下足”的谚语。同时，便利的水运交通，也使苏州成为各地物产、文化的交汇之处，缔造了苏州上千年的繁华历史。如此得天独厚的条件，难怪诗人杨万里要慨叹“吴中好处是苏州”。

苏州盛产文人墨客

距今四五千年的良渚文化曾在太湖之畔传播，春秋时代的吴越争霸在此上演。一幕幕故事为苏州留下了不朽的文化记忆，成就了如今的文化古城。

这里诞生过三国时期的名将陆逊，他的后人陆机，西晋著名才子，又凭《文赋》在这片土地上大放异彩。杜甫《饮中八仙歌》里“挥毫落纸如云烟”的书法名家张旭，便生长于苏州，或许是浸染了唐时苏州的繁华，他张扬的笔墨间，仿佛隐约也带出一点儿盛唐气象。

正德年间，唐寅曾筑室于苏州桃花坞，“姑苏城外一茅屋，万树桃花月满天”。桃花坞如今仍在，位于苏州古城西北的这片街巷，斑驳的砖瓦仿佛仍裹藏着百年前的汪洋恣肆才情，在你踏入它的那一刻，这些文化记忆便被时光一一唤醒。

听，那声声鸟鸣，仿佛在怀念千年前某个过路的旅人。

江南风韵的代表

苏州有着太多的文化符号。闲暇时光，听一曲昆曲《牡丹亭》，品一盏苏州的碧螺春。那曲子里有杜丽娘的游园惊梦，“朝飞暮卷，云霞翠轩，雨丝风片，烟波画船”，她在梦里，带你走进旧日的烟雨苏州。在那段旧日时光里，画堂前的少女微微颔首，一针一线，勾勒出玲珑娟秀的图案。时光延绵至今，少女们一个个老去，但她们的技艺与巧思流传下来，这便是如今远近闻名的苏绣手艺。

一提到江南，人们往往首先想到“苏杭”，可见苏州早已成为人们心中江南文化的代表。若是想感受一下江南风韵，不妨选一个暮春时节，亲自走入苏州古城。或许，你也会在不经意间，装点了他人眼中的风景。

苏州印象

碧螺春

洞庭碧螺春是产于太湖洞庭东山的绿茶，因外形曲卷似螺，且以产于碧螺峰者最好而得名。

苏绣

苏州刺绣历史悠久，有平绣、双面绣等多种技法，是近现代中国四大名绣之一。

昆曲

昆曲又名昆剧、昆山腔，以唱腔委婉细腻为特点。昆曲历史悠久，2001 年被联合国教科文组织列为首批“人类口头和非物质遗产代表作”。

拙政园位于苏州娄门内，是苏州园林的代表作。拙政园的布局以水为主，池水面积占园区总面积的五分之三，亭台轩榭多临水而建。

拙政园、留园、网师园、退思园等 9 座园林已被列入《世界遗产名录》。

无声的诗，立体的画

人们都说“江南园林甲天下，苏州园林甲江南”，中国古典园林要看江南，而江南园林又以苏州园林为集大成者。苏州自古便是一座“园林之城”，现存 100 多处园林，其中的拙政园、留园，可说是我国古典园林艺术的代表作，与北京颐和园、承德避暑山庄一起被誉为“中国四大名园”。来到苏州老城区东北部，沿着小巷，饱览过一路河景民宿，经过太平天国忠王府，便到了拙政园。它紧邻着苏州博物馆、狮子林，附近有观前街、太监弄。

这座园林始建于明代，最初是明正德年间御史王献臣退居官场后修建的府邸，至今已有 500 余年历

▲远香堂、雪香云蔚亭、荷风四面亭、十八曼陀罗花馆、卅六鸳鸯馆等巧妙建在拙政园中。

▶寒山寺是我国十大名寺之一，位于苏州城西古运河畔枫桥古镇，至今已有 1500 多年历史。

史。“拙政”二字取自潘岳《闲居赋》中的“于是览止足之分，庶浮云之志，筑室种树，逍遥自得……此亦拙者之为政也”，有淡泊名利、知足常乐的含义。

拙政园分为东、中、西三部分。东部“归园田居”，是明代末年扩建的，但在清代就渐渐荒芜，之后才依历史文献复原。西部“补园”，依山傍水，“与谁同坐轩”坐落此处。游人看到牌匾，往往好奇地发问：“园林主人为何起这样的名字？他究竟与谁同坐？”其实，苏轼的一首词早就给出了答案，“与谁同坐？清风明月我”。来到此处，不妨稍事休憩，体会一下苏翁超然物外的情致。

中部是拙政园的精华所在，“山增而高，水浚而深，峰岫互回，云天倒映”。苏州园林离不开水，“凡诸亭槛台榭，皆因水为面势”。水把园林的各个元素——亭台、回廊、山石、竹篱、四季的林木与花草串联起来，建筑将有限的空间分割，而水又将这些分隔的小空间再度组合，使之形成一个富有层次的小宇宙。

你知道吗

洞门是洞还是门？

苏州园林里有很多造型优美的洞门，最常见的洞门是圆形的，除此之外，还有梅花形、花瓶形、葫芦形等形状。不同形状的洞门与园内的景色构成了各种美妙的风景画。

梅花形

花瓶形

葫芦形

跨越千年，钟声犹在

1200 多年前的某个深秋夜晚，寒山寺的钟声悠悠响起，惊醒了一位浅眠的舟中游子。这位游子名叫张继。那时“安史之乱”爆发，玄宗奔蜀，江南地区政局相对稳定，许多文人南下避难，张继也由京城返回江南，途经苏州。对家国的忧虑与孤身漂泊的愁情，在这个夜晚，随着漫天霜风、寂寥渔火，逐渐叠加、酝酿。他辗转反侧，却连浅眠一刻的安宁也难以拥有，悠远而寂寥的山寺钟声，仿佛正与诗人的灵魂共鸣。这让人如何成眠？或许连张继也不知道，他会因此而创作出一首传世名诗。寒山寺的钟声就这样回响了千年之久。

后来虽然也有不少诗人写过夜半钟声，但再没有人创造出这样情与景完美交融的艺术意境。张继并不是文学名士，他在文学史上几乎没有留下其他痕迹，只有一首《枫桥夜泊》传诵至今。

今天的寒山寺早已不是当年的模样，楼观肃穆严整，山石相映成趣。每年 12 月 31 日，寒山寺的山门都被赶到此处听跨年钟声的人们挤满。人们听满整整 108 声，祈愿来年烦恼全无，事事顺利。

济南
这里四季都很美

欢迎来“泉城”

济南拥有“山、泉、湖、河、城”的特色风貌，自古就有“家家泉水，户户垂杨”的美誉。

妈妈，冬天趵突泉会结冰吗？

不会哦，趵突泉一年四季都在18℃左右。

袅娜百花洲，清澈大明湖，荷塘菡影氤氲着远古；巍巍千佛山，幽幽红叶谷，层林尽染辗转着苍茫；濯濯趵突泉，攘攘曲水亭，泉声叮咚轻荡着垂杨。走进济南，邂逅时光，恍惚之间，已明媚若天堂。

课文回放

对于一个在北平住惯的人，像我，冬天要是不刮大风，便觉得是奇迹；济南的冬天是没有风声的。对于一个刚由伦敦回来的人，像我，冬天要能看得见日光，便觉得是怪事；济南的冬天是响晴的。自然，在热带的地方，日光是永远那么毒，响亮的天气反有点儿叫人害怕。可是，在北中国的冬天，而能有温晴的天气，济南真得算个宝地。

——老舍《济南的冬天》（节选）
（人教版语文·七年级上册）

济南街头慢时光

济南，南枕泰山，北倚黄河，素有“天下泉城”的美誉。老舍在此镌刻了老城冬日的“温晴”。

漫步济南街头，若撑一支长篙，漫溯在诗海中，无须特定的目的地，随心所欲，便能感到自在快活。沐浴着朦胧的烟雨，走在飘满黄叶的石子路上是一种浪漫；路过一处街心公园，驻足满目碧玉丝绦是一种欢畅；在这如诗的景色中，给家人一个拥抱是一种幸福。毕竟，济南，原就是一座令人向往的城市。

聆听天下第一泉

若济南的美有十分，那么，趵突泉独占五分。趵突泉为济南七十二名泉之首，素有“天下第一泉”之誉，它南倚千佛山，北望大明湖，山泉湖相映，佛月荷交辉，邂逅一次，便令人留恋不已。

春日的趵突泉，总别有一番妩媚。三股清泉，鲜活而明媚，平地趵突，腾跃翻涌，雪白的泉浪缀饰着金色的阳光。偶尔，春燕也会轻轻地斜掠过泉池，但如玉塔般凌波而上的涌泉却不是它的向往，它向往的是观澜。

趵突泉畔，名胜古迹无数，观澜亭只是其中之一。亭子不大，四四方方，重檐高脊，玲珑中带着几分红色的华贵。宋代大文豪苏辙曾在此抒发“汹汹秋声明月夜，蓬蓬晓气欲晴天”之叹，但其实，观澜亭上观澜处，最曼妙的从不是深秋，而是寒冬。

当北风凛冽白草折时，与纷纷扬扬的雪花一起相约在观澜亭旁，凭栏俯瞰趵突泉池，此时清澈的泉水再不复曾经的欢快鲜活，变得轻柔婉约。袅袅的水汽如云似雾，笼罩于泉池之上，朦胧间，可见梅影疏斜，潋滟水光的彩绘金装、画栋雕梁那般唯美，一如仙阙。

一步一泉景

当然，作为济南三大名胜之一，趵突泉的美并不独在其本身。星星点点错落地散布于趵突泉四周的大小泉眼，亦各有各的浪漫：珍珠泉云蒸霞蔚，一串串白色的气泡就仿佛一颗颗散落的珍珠，这些“珍珠”忽断忽续，忽急忽缓，聚散之间，自见“跳珠溅雪碧玲珑”的绝世风姿；黑虎泉磅礴大气，水激柱石，声如虎啸，别显轩昂；金线泉奇妙迷离，粼粼水光中，常见金线隐约；漱玉泉边，水映白荷，几尾锦鲤悠游水中，倒颇有几分田园风趣……名泉七十二，一泉一妖娆，沿泉而行，不经意地一抬眼，大明湖的清波便漫了满眼。

你知道吗

趵突泉为什么会冒水?

济南市区北部地下多为不透水岩层，潜流的地下水到此受阻，大量汇聚，在水平运动强大压力下变为垂直向上运动，大量地下水穿过岩溶裂隙，夺地而出，形成千姿百态、形态各异的天然涌泉。

大明湖畔烟雨情

大明湖，位处济南市中心偏北、千佛山山麓，临趵突泉，水光潋滟，山色空蒙，为万泉汇流而成，景色明媚，渔歌唱晓，荷塘晚香。迤逦其间，仿佛走进了一幅浅笔勾勒的水墨画卷。

大明湖有四怪：蛇不见，蛙不鸣，久雨不涨，久旱不涸。大明湖还有四绝：烟雨垂杨，菡萏留香，秋风芦荻，雪霁流云。

仲春，烟雨迷蒙，满堤垂柳荫着青苔，一枝新绿点着水波，远眺青山黛色，近看蒲苇摇曳，万顷碧波与天上的流云交相辉映。

盛夏，泛舟于莲叶之间，采一枝映日红荷，长篙动处，惊起的却不是鸥鹭，而是烂漫的夕照。

深秋，残花零落之时，芦花却纷纷扬扬，烂漫如雪，点染了微微漾着涟漪的湖面，远山近水融于芦雪，明秀别样。

隆冬，凛冽的北风摧折了蜡梅，大明湖也不再澄翠，然而，雪后晴岚耀日光，站在湖畔，极目远望，雪霁白云，烟笼银装，更见妖娆。

大明湖，四时何日不倾城？无怪乎古人曾以“四面荷花三面柳，一城山色半城湖”盛赞于它。

尖翠二三峰

佛山影落镜湖秋，湖上看山翠欲流。千万年来，岁月几经，花开花落数负流年，千佛山却仍默默守候着大明湖，深情不悔，从未更改。

千佛山属泰山余脉，山不高，说不上巍峨，却别有几分清幽内秀。潺潺碧水萦于峰峦之间，水波如云，云畔，有一槐一亭。槐为唐槐，枝干虬结，蓊郁苍古。相传，隋唐名将秦叔宝曾拴马于树下。亭为一览亭，四角重檐，古朴淡雅。登亭临风，可眺“一城山色”，青浪叠天。尤其是入夜后灯火阑珊的时候，星星点点的灯光如垂落的繁星辉映着泉城的妖媚。站在亭中，俯瞰山下，

景色优美的千佛山是历史中的济南城兴衰成败的见证人。

你知道吗

去济南还能看什么？

到济南除了看美景，还有一个地方一定不能错过，那就是大名鼎鼎的山东博物馆。山东博物馆是1954年建立的省级综合性博物馆，藏品有古代陶器、青铜器、书画古籍等各种文物。

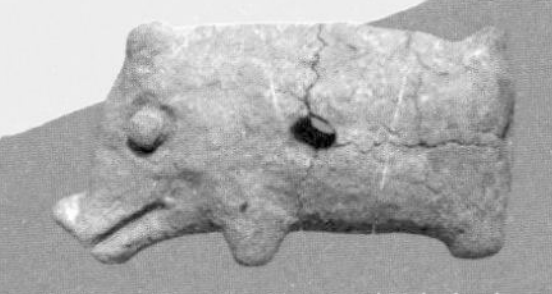

陶猪，章丘小荆山遗址出土，山东博物馆藏。

水村渔歌，荷香袭人，仿佛天上人间。入秋时节，当漫山遍野的菊花盛放时，花海怒涛，芳香蝶影，那仿佛浸染了夕阳的菊红尤显别致。

循着菊香，一路向上，一尊又一尊或坐或立、或怒或笑的佛像便成了沿途最美的风景。千佛山，原名历山，因舜曾躬耕于此，也名舜山，后来，人们称它为“千佛山”。千佛山上，处处是佛，梵语禅声，不绝于耳。万佛洞里，数万尊形态各异、栩栩如生的佛像连缀成了一条长廊，斑斓的彩绘、别致的壁画，在卧佛荣光的加持下，凝成了石窟艺术最雄伟的殿堂。千佛崖上，130余尊摩崖造像与兴国禅寺一起雕琢着开皇的奇秀。

另外，每年的三月初三，千佛山上还会举行盛大的庙会，红红火火，热热闹闹。庙会期间，不仅有各种佛事活动，还有山东落子、西河大鼓、山东快书等颇具地方风情的曲艺表演。

暮鼓晨钟诉清静，山光水影尽禅音。离开千佛山，遥望济南，眸中，仍有秀色不断地流淌：九如山瀑布如雪，曲水亭繁华若梦，红叶谷的红叶熏染了天上的流霞，五龙潭的波光映照着树影婆娑。

济南很大，也很小，方圆寸土，明媚依然，晴云晓日明湖影，柳绿菡香红叶深。泉城的风光独好，每一处都值得去追寻。

长沙浴火重生，火辣之城

课文回放

独立寒秋，湘江北去，橘子洲头。看万山红遍，层林尽染；漫江碧透，百舸争流。鹰击长空，鱼翔浅底，万类霜天竞自由。

——毛泽东《沁园春·长沙》（节选）
（人教版语文·高一必修1）

长沙历经近百年的风云变幻，每当我们漫步于长沙故土，伫立橘子洲头，眺望岳麓，都能感受到这里的文化韵味。这里的山山水水，都曾是历史的见证者，它们随着岁月变迁，演绎出一段段传奇而动人的故事，在湖湘大地上，绽放出不一样的风采。

话长沙，岁月长

作为我国首批国家历史文化名城，长沙的历史可以向上追溯到旧石器时代，当时已经有原始人类在长沙一带居住和活动了。之后，在漫长的历史进程中，长沙始终占据着重要的历史地位，无论是秦代的三十六郡之一，还是西汉时期的长沙国、明清时期的长沙府，在历史长河的各个节点，长沙都留下了浓墨重彩的一笔。

灵秀的山水养育出了一代又一代的湘江才子。

橘子洲大桥横跨湘江水道和橘子洲，是中国规模最大的公路双曲拱桥之一。

绿洲之上，沙鸥点点

缓缓流淌的湘江水，从长沙穿城而过，就在岳麓区的湘江中心地带，坐落着一片冲积沙洲，它就是有着“中国第一洲”之称的橘子洲，也是毛泽东在《沁园春·长沙》中提到的橘子洲头。

从空中俯瞰，橘子洲是一个四面环水的长岛，它就像是湘江之上的一座孤岛，由南向北横贯江心，东与长沙城相邻，西和岳麓山隔江相望，在清澈的湘江水的映衬下，显得格外宁静。橘子洲是长沙的风景名胜之一。每年春天，都会有成群结队的沙鸥在这里出现，绿洲之上，沙鸥点点，别有一番风情。

橘子洲有故事

相传在远古时代，湘江之上并没有橘子洲，在江水两岸分布着很多村庄。有一个名叫“胡子爹”的老人要带着村里的渔民去湘江里捕鱼，为了保佑这次捕鱼平安顺利，七个心灵手巧的年轻女子，特意给胡子爹编了一根白色长腰带，并在腰带上绣上了一幅江中小岛的图案。胡子爹将这条腰带牢牢系在腰上，然后和渔民们一起乘船去捕鱼。就在大家专心致志地捕鱼时，倾盆大雨从天而降。危急时刻，胡子爹突然如同大力士一般奋力地划动船桨，凭一己之力将渔船划到了岸边，保住了一船人的性命。直到这时，胡子爹才知道是那条白腰带让他变得力大无穷。

此时，还有几条渔船被困在江面上。胡子爹看到后，赶忙解下白腰带，朝着湘江水面一扔，只见那条白腰带在空中越飘越长，最终变成一座长条形的小岛，稳稳地落到被困在风浪中的渔民前，拯救了大家。这座由白腰带变成的江中小岛，就是如今的橘子洲。

霜叶红于二月花

在湘江西岸，一座高山耸立，它就是南岳衡山七十二峰的最后一峰——岳麓山。提到岳麓山，相信大家脑海里最先浮现的，就是唐代诗人杜牧的《山行》一诗：“停车坐爱枫林晚，霜叶红于二月花”。

据说当年杜牧来到长沙游玩，当他一路乘车来到岳麓山附近时，被眼前寒山白云的秋日美景所吸引，忍不住诗兴大发，立即奋笔疾书，写下了这首传世之作。正是因为杜牧的这首诗作，后人将岳麓山上一处名为“红叶亭”的凉亭，改名为“爱晚亭”，爱晚亭也一举成为岳麓山的代表性景点。

沿着蜿蜒曲折的山路继续向上攀登，就来到了岳麓山上的另一处景点——岳麓书院。它于北宋开宝九年（976），由潭州太守朱洞创建，是我国古代四大书院之一。一座名山之上能够建起一座书院，足见岳麓的历史文化底蕴是多么深厚。如今，在历经千年风雨后，岳麓书院摇身一变，成为岳麓山上一个举世闻名的文化符号，“千年学府”的历史传统，以另一种方式传承下去！

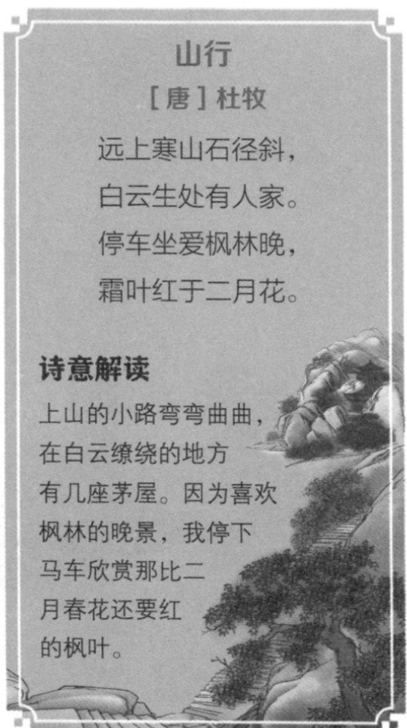

山行

［唐］杜牧

远上寒山石径斜，
白云生处有人家。
停车坐爱枫林晚，
霜叶红于二月花。

诗意解读

上山的小路弯弯曲曲，在白云缭绕的地方有几座茅屋。因为喜欢枫林的晚景，我停下马车欣赏那比二月春花还要红的枫叶。

漫步在长沙街头，历史与文化的气息在空气中持续扩散，深吸一口气，就仿佛和这片土地融为一体，在滚滚热浪中，感受长沙城“楚汉名城”的魅力。

《天文气象杂占》

太傅里的风雅与寂寥

在长沙市天心区的太平街上，有一条十分幽深的古巷——太傅里。这条巷子看似普通，却孕育了我国历史上的两位大人物——楚国诗人屈原和汉代文学家贾谊，而长沙也因此才有了“屈贾之乡”的美称。

我们都知道，历史上屈原是一位忧国忧民的政治家，即使被贬长沙，他依然一心想着楚国的未来。当他游历湘水、沅水时，看到辽阔的江面，心中不由自主地升起对故土的思念，以及对楚国未来的担忧，于是他奋笔疾书，将心中的情感化作文字，写出了《离骚》《九歌》等不朽之作。

就在屈原投江一百多年后，一个和他有着相似遭遇的人也因为官场的尔虞我诈被贬为长沙王太傅，这个人就是贾谊。来到长沙后，贾谊在屈原住过的古巷里盖起一座院落，种起柑树，一边享受着难得的悠闲时光，一边创作《吊屈原赋》，以致敬屈原。就是这么一条坐落在长沙的古朴幽深的小巷，却接连成为屈原、贾谊两位大人物的避风港。走进小巷，历史的云烟慢慢浮现，恍惚中，屈原和贾谊似乎正在前方提笔创作，他们屹立在寒风之中，身姿挺拔，让人不由得心生敬畏。

你知道吗

长沙有“国宝”吗？

长沙有世界上现存最早的天文学著作——出土于马王堆汉墓的《五星占》《天文气象杂占》、中国最早的地图——马王堆帛地图、世界上最轻的丝织品——素纱单（也作“禪”）衣，我国现存最大的商代青铜方尊——四羊方尊也出土于长沙。

绍兴 从百草园到乌篷船

课文回放

我家的后面有一个很大的园，相传叫作百草园。现在是早已并屋子一起卖给朱文公的子孙了，连那最末次的相见也已经隔了七八年，其中似乎确凿只有一些野草；但那时却是我的乐园。

——鲁迅《从百草园到三味书屋》(节选)
(人教版语文·七年级上册)

绍兴，一座在课本里被反复提及的城市，一座让人们感到既熟悉又陌生的城市，当你走进它的历史，就会发现，原来自己与这座城市神交已久。浙东古运河是它的血脉，会稽山是它的脊梁，鲁迅的书屋、沈园的诗词、兰亭的书法为它注入真正的灵魂。没有富丽堂皇，绝无脂粉之腻，江南古城的韵味融进绍兴的角角落落，“轻舟八尺，低篷三扇”，呷一口温热的绍兴黄酒，在乌篷船上听流水潺潺，如果你想体验真正的水乡古城，请不要与绍兴擦肩而过。

鲁迅、朱自清、蔡元培都是绍兴人，绍兴的特产一定是人才吧！

江南古韵溢书香

位于钱塘江南岸的绍兴，具有典型的江南水乡风光，这里河道纵横、乌篷穿巷，被誉为“漂在水上的古城”。一山一水一古城，一墙一瓦一老街，一叶乌篷入画来。绍兴的老街流淌在青山绿水之上，散落在粉墙黛瓦之中，掩映在小桥流水之间。江南特有的舒缓婉约气息，在这里一览无余。

绍兴自古文风昌盛，名人辈出。在绍兴，最卓然的从来都不是风景，而是那一个个耳熟能详的名字、一段段脍炙人口的故事。东晋时期，书法家王羲之在绍兴度过了他的晚年，他纵情山水，写下了名扬天下的《兰亭集序》；绍兴的每一条陌巷，都蕴藏着一段风雅；每一处飞檐，都暗含着一番情怀。

在这个历史厚重的小城，饮食也自成体系。霉与臭、糟与醉、酱与卤，是绍兴人最为熟知的味道。无论是哪种传统的烹饪方法，都可以往千百年前追根溯源，也总有名人典故可以沾上边，像霉干菜焖肉是明代文学家、画家徐渭首创，素炒鸭子与绍兴人贺知章有关，豆腐是北魏郦道元在绍兴考察时传播开的，鱼圆甚至可以追溯至秦始皇对鱼肴的钟爱。

绍兴的文韵、绍兴的古朴、绍兴的风骨，在众多江南古镇中，可谓独树一帜，难以复制和超越。连木心先生也曾说：无骨的江南不止苏州，有骨的江南当看绍兴。

欢迎来“水城”

“悠悠鉴湖水，浓浓古越情”，这座遍布流水、石桥、古宅和诱人的风土人情的城市，安静、悠闲地过着自己的生活，自古就是令人向往的游览胜地。

鲁迅是如何成为鲁迅的

1893年

鲁迅的祖父周介孚因科场舞弊案被捕下狱，家道中落。鲁迅饱尝世态炎凉的辛酸，变得敏锐而清醒。

1898年

鲁迅到南京投考江南水师学堂，次年改入江南陆师学堂附设的矿务铁路学堂。这一时期，鲁迅接触了许多近代科学、社会学和文学译著。

1902年

鲁迅赴日本留学。这期间，他发表了根据外国作品改写的小说《斯巴达之魂》，论文《中国地质略论》等，还翻译了科学幻想小说《月界旅行》《地底旅行》。

1904年

进入仙台医学专门学校。他立志学医，是希望用新的医学促进“国人对于维新的信仰”。

1906年

鲁迅决定弃医从文。

来绍兴读懂鲁迅

在一些人的记忆中，提到绍兴，想到的是鲁迅、三味书屋、咸香的茴香豆、锣鼓喧天的社戏和轻快的乌篷船。《朝花夕拾》中反复出现的S城便是绍兴。

绍兴城内最热闹的地方就是东昌坊鲁迅主题街区一带，这里有鲁迅祖居、鲁迅故里、百草园、三味书屋等景点供人们参观。每天大客车拉来如织的游人，街上飘散着臭豆腐、霉干菜和黄酒的味道，小摊上叫卖着鲁迅喜欢用的“金不换”牌毛笔。因孔乙己而名声大噪的咸亨酒店也坐落于此。咸亨酒店原是鲁迅的本家堂叔周仲翔与人合开的，光绪年间开张后因经营不善，没多久就关门了，现在也成为景区的一部分，这里的茴香豆和太雕酒在绍兴城内首屈一指。

鲁迅故里，是一条极富江南历史韵味的长街。百草园里，依稀还有鲁迅当年跳脱顽皮的身影；三味书屋里刻着“早”字的书桌仍勉励着来往的游人；咸亨酒店内茴香豆的味道袅袅不散，孔乙己铜像前合影的人络绎不绝；周家世代居住的大宅院里，花草扶疏，似还能照见鲁迅先生出生时一家的忙乱场景。漫步其间，那些书中背诵过的课文段落忽然被眼前的景物唤醒，一字一句，历历在目，仿佛跟鲁迅先生进行了一次跨越时空的对话。

鲁迅儿时曾在三味书屋求学。

▲鲁迅故里是鲁迅出生和少年时期生活过的地方，在这里，你可以寻到《阿Q正传》中的土谷祠和静修庵，出入《呐喊》中的当铺“恒济当”。

鉴湖，亦称“镜湖”。
是长江以南最早的大型塘堰工程，
东起曹娥江，西至西小江。

鉴湖水，鲁镇情

鲁镇不是一个真正有行政建制的镇子，而是鲁迅先生笔下的鲁镇在现实中的复刻。走进鲁镇，就像走进了若干年前的绍兴：青石板铺成的街道、蒙蒙的烟雨、尘土飞扬的戏台、纵横的港汊、枕水临河的各色商铺、鳞次栉比的宅院民居、千姿百态的石坊、酒香弥散的竹庐、带着绍兴乡土气息的茶馆……林林总总，令人眼花缭乱。

鲁镇不远处便是绍兴的“母亲湖”——鉴湖。乘坐乌篷船进入鉴湖，感受绍兴的山水韵味，可以让人瞬间卸去一身疲惫。鉴湖的水，不仅滋养鱼米之乡，还酿成天下名酒。鉴湖是酿造上乘黄酒的活水源头，它汇集着会稽山流域的山泉，绍兴的酿酒业也因而繁盛。

早在魏晋年间，此处便是引得文人骚客们流连的风景区。湖中有一座洋溢着浓郁汉风、竹韵飘香的笛亭。亭外，有5座形态古雅如长虹般的古桥连接醉岛。在醉岛畅饮后，乘坐岛上的乌篷船，染澄澈烟波，揽几分人在镜中游的逸趣，却也不错。

1909年

鲁迅离日归国，先后在杭州两级师范学堂和绍兴府中学堂任教。绍兴光复后，他出任绍兴师范学校校长。

1912年

鲁迅前往南京，在教育部工作。后迁往北京，在教育部任科长、佥事等职务，主管图书馆、博物馆和美术教育等工作。

1918年

鲁迅参加了《新青年》的编辑工作，致力于反对旧礼教和旧科学，大力提倡民主和科学。同年5月，以“鲁迅”为笔名发表《狂人日记》。

1923年

鲁迅在1918～1922年连续写了14篇小说，于1923年编为短篇小说集《呐喊》出版。

1926年

1924～1925年所作小说11篇，则收入1926年出版的短篇小说集《彷徨》。

鲁迅的一生，为中国文学和革命事业做出了不可估量的贡献。他以自身在文学方面的理论倡导和作品奠定了中国现代文学的基石。

杭州 体验水墨画中的美

这里是落入繁华人间的一处静谧的天堂，用江南水墨勾勒出烟柳画桥、风帘翠幕、三秋桂子、十里荷香。走进杭州西湖，便会恋上它如诗如画的风景，恋上它故事里的漫漫柔情。

云涛湖影看杭州

西湖位于浙江省杭州市西部，“三面云山一面城”，湖水被白堤、苏堤分隔为外湖、西里湖、里湖、小南湖及岳湖五个水域。三潭印月、湖心亭、阮公墩三个人工小岛锦上添花，鼎立于外湖湖心。夕照山的雷峰塔与宝石山的保俶塔隔湖相映，由此形成了“一山、二塔、三岛、三堤、五湖”的基本格局。西湖不仅美丽，还保存着众多文物古迹，拥有深厚的历史文化内涵。因此，杭州西湖素有“天下西湖三十六，就中最好是杭州”的美誉。

漫步西湖岸

西湖风景美不胜收，最负盛名的就是“西湖十景”，即苏堤春晓、平湖秋月、断桥残雪、雷峰夕照、南屏晚钟、曲院风荷、柳浪闻莺、花港观鱼、双峰插云、三潭印月。

课文回放

水光潋滟晴方好，
山色空蒙雨亦奇。
欲把西湖比西子，
淡妆浓抹总相宜。
——苏轼《饮湖上初晴后雨》
（人教版语文·三年级上册）

那就是关着白娘子的雷峰塔吗？

那只是民间传说故事啦。

白堤是西湖著名三堤之一，两边桃花嫣红，柳枝泛绿，生机盎然。白居易曾作诗云：“谁开湖寺西南路，草绿裙腰一道斜”。那时白居易在杭州做刺史，修筑过一条白公堤，后因湖面缩小而荒废，白公堤无迹可寻。人们为纪念白居易为造福百姓所做的贡献，将后来的这条长堤改名为“白堤”。

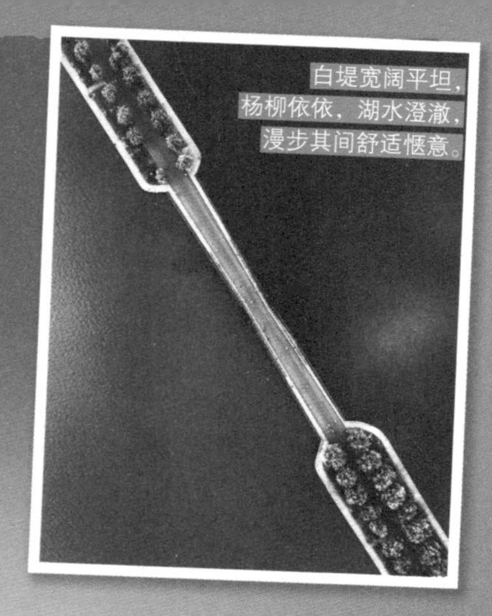
白堤宽阔平坦，杨柳依依，湖水澄澈，漫步其间舒适惬意。

俗话说，西湖有三怪——孤山不孤、长桥不长、断桥不断。

冬天的断桥是观赏西湖的最佳之地。每当西湖银装素裹之时，远观桥面，断桥在雪雾中似隐似现，美轮美奂。漫步断桥之上，犹如置身雪白的宫殿，四周寂静，只有踩雪时带来的沙沙声，静谧而绵长。

走过断桥，便到了西湖另一条长堤——苏堤。说到苏堤，不得不提到苏东坡。当年苏东坡主政杭州，为疏浚西湖，带领百姓筑起了这条纵贯西湖南北的长堤，后人为缅怀他，便将之命名为“苏堤”。苏东坡在此留下的诗句“欲把西湖比西子，淡妆浓抹总相宜”，也成为描写西湖的千古绝唱。

如果你想看到传说中的雷峰塔，再往前走，那座金碧辉煌的塔便是了。这座记载着许仙、白娘子凄美爱情的宝塔，历史上确有其因为几度战乱遭受重创被纵火烧毁的记载，之后轰然倒塌。在西湖十景中，“雷峰夕照”是唯一毁损又恢复的景点。如今，它依旧屹立在西子湖畔，承载着历史的沧桑，集聚着世人的期盼，成为一种深情的坚守。

你知道吗

为什么叫“断桥”？

断桥位于里湖和外湖的分水点上，一端跨着北山路，另一端接通白堤。断桥之名得于唐代，其名由来有两种说法：一说孤山之路到此而断，故名“断桥”；一说段家桥简称“段桥”，谐音为“断桥”。断桥是民间爱情传说《白蛇传》中白娘子与许仙相会的地方。现存断桥是1941年改建的，20世纪50年代又经修缮。桥东北有碑亭，内立“断桥残雪”碑，为西湖十景之一。

雷峰夕照

杭州话

在杭州老城区及其周边地区，人们除了说普通话外，还会说杭州话，这是吴语太湖片的方言之一，主要在杭州上城区、拱墅区、西湖区等区域流行，堪称是“杭州历史的活化石”。杭州话总共有 30 个声母、45 个韵母以及 7 个声调。它是南宋时期中原地区方言和吴越方言碰撞交融后的产物，是吴越江南地区的重要代表方言之一。

千岛湖

千岛湖坐落在浙江省杭州市淳安县、建德市境内，是一片为修建新安江水电站拦截水流形成的人工湖泊，它和湖北黄石阳新仙岛湖、加拿大渥太华金斯顿千岛湖一起并称为“世界三大千岛湖”。千岛湖的水质处于我国大江大湖水质之首，因此千岛湖便有了“天下第一秀水”的美称。千岛湖景区岛屿星罗棋布，有大小岛屿一千多个，故名千岛湖。

京杭大运河

作为世界上开凿时间最早、工程最大、里程最长的古代运河，京杭大运河是我国古代劳动人民的心血之作，也是一项能够象征我国文化历史的伟大工程。京杭大运河从杭州起，一路北上至北京，中间经过了浙江、江苏、山东、河北、天津等地，成功将钱塘江、长江、淮河、黄河以及海河这五大水系连通，是我国重要的南北交通大动脉。

灵隐寺

灵隐寺是我国古代重要佛寺之一，它始建于东晋时期，背面倚靠北高峰，正面和飞来峰相对，是江南禅宗的“五山”之一。从建筑格局来看，灵隐寺以天王殿、大雄宝殿、药师殿、法堂、华严殿为中轴线，两侧依次坐落着五百罗汉堂、济公殿、华严阁、大悲楼、方丈楼等建筑，总体格局和江南寺院的普遍布局大致相似。

西湖龙井

作为中国十大名茶之一，西湖龙井是杭州的特产之一，因产于杭州西湖龙井村而得名，是中国传统名茶，历史悠久。西湖龙井的茶叶扁平而光滑，色泽光润而嫩绿，香气清幽而馥郁，滋味甘醇而鲜美，曾被乾隆皇帝盛赞为“御茶”。可以说，和西湖美景一样，西湖龙井是人与自然和文化相融合的产物。

杭帮菜

顾名思义，杭帮菜就是流行于杭州地区的菜系。它与宁波菜、温州菜、绍兴菜等共同构成传统的浙江菜系，是浙江饮食文化的重要组成部分。从口感来说，杭帮菜以口味清淡、咸中带甜为特色，代表性菜品主要有西湖醋鱼、东坡肉、龙井虾仁、笋干老鸭煲、八宝豆腐以及干炸响铃等。

杭州丝绸

杭州丝绸拥有十分悠久的历史，在距今数千年前的良渚时期，杭州丝绸就已经诞生了。作为杭州特产之一，杭州丝绸质地轻柔、色彩鲜美、品类繁多，涉及绸、缎、棉、纺、绉、绫、罗等十多个品类，是我国传统丝织品中的佼佼者，也是我国国家地理标志产品。

钱塘江观潮节

每年农历八月十八前后，在杭州萧山钱塘江观潮度假村，都会举行盛大的国际钱塘江观潮节。届时，除了能欣赏到海宁潮的奇特景象外，人们还能观看各种精彩至极的节日活动。在绚丽的舞台灯光的烘托下，火热的乐队表演在这里拉开帷幕，一场无与伦比的音乐盛会，伴着海宁潮的壮观景象，带给人们极致的视听盛宴。

武汉

大江 大湖 大武汉

课文回放

昔人已乘黄鹤去，此地空余黄鹤楼。

黄鹤一去不复返，白云千载空悠悠。

晴川历历汉阳树，芳草萋萋鹦鹉洲。

日暮乡关何处是？烟波江上使人愁。

——崔颢《黄鹤楼》

（人教版语文·八年级上册）

参观过黄鹤楼，崔颢那首诗似乎没有那么难背了。

长江之畔，有这样一座楼阁。它立于山巅，俯瞰大江东去，那翘起的斗拱飞檐，仿佛在与过路的鸟儿互相问候。而今，驾鹤的仙人未归，地上的谪仙远去，黄鹤楼历经多次重建，也早已不是当年的那座。但它所承载的文化记忆从不曾中断，它所见证过的一段段故事，至今仍在人们口中传诵，成为古典文化中一个个最真挚美好的片段。

楚地岁月漫悠长

武昌位于长江南岸，这里自古水路交通发达，因此邻近码头、位于山巅的黄鹤楼，便格外显眼，成了当地的地标。乘船来此的人们，望见这座楼，便知道到了武昌地界。四方旅客来来往往，或历经漫长旅途，在此上岸；或登船起程，在此送别。于是诗里的黄鹤楼，往往不是思乡，就是送别。而今，时过境迁，登临黄鹤楼，俯瞰武汉三镇，京广铁路从山下经过，列车飞驰；长江大桥拔地而起，飞架南北两岸。只有黄鹤楼依然满眼古意，仿佛是被历史定格的一瞬，让人不禁想问问它：你跨越岁月、身披风尘却依然屹立山巅，莫非是怕千载后黄鹤归来，认不出昔日的城市与友人？

白云千载，江水悠悠

1200 多年前，一位游子登上黄鹤楼，举目四望，怀想往昔：那只传说中的黄鹤一去不返，而自己又何尝不是一只漂泊在外、无法归乡的黄鹤？在故乡，是否有人惦念着自己？日暮金乌西坠，这是劳动一天的人们归家之时。游子悲从中来，提笔作诗。那时他还不知道，他的名字将和这首诗一起，被世人久久铭记。这位游子就是崔颢，这首诗便是《黄鹤楼》。历代文化名人如李白、宋之问、孟浩然、白居易、贾岛、苏轼、黄庭坚、辛弃疾、岳飞、张居正、袁枚、黄遵宪等在黄鹤楼都曾题诗留字，或抒离别之情，或发家国之思……楼因人显，人因楼名，这些诗句背后的个人际遇与胸襟抱负，都在黄鹤楼的历史盛名中留下了浓墨重彩的一笔，这座楼也因此传承着前人，启示着来者。

黄鹤楼送孟浩然之广陵

[唐] 李白

故人西辞黄鹤楼，烟花三月下扬州。
孤帆远影碧空尽，唯见长江天际流。

黄鹤楼的传说

传说有位辛氏女在酒馆以卖酒为生。有个人常来讨酒却从不给钱。有一天他对辛氏说：“我欠了你太多酒钱，便送你一幅画吧。”说罢，他在墙上画了一只栩栩如生的黄鹤。

没想到，黄鹤刚画好便会跳舞，众人方才醒悟，原来这客人竟是一位游仙。那之后，无数人来酒馆观赏黄鹤，辛氏因此赚了很多钱。

十年后，仙人归来，吹笛一曲，黄鹤从墙上飞出，仙人便骑鹤直上云霄。

后来辛氏在此建黄鹤楼，以纪念这段奇遇。

黄鹤楼的起起落落

历史上的黄鹤楼命运多舛，屡次被毁，又屡次兴建。黄鹤楼为何如此“倒霉”？究其原因，一是地理位置。黄鹤楼坐落于长江之畔的兵家必争之地，于是屡屡受到战火牵连。其二是木结构建筑，美则美矣，却无法抵御火灾、虫蛀。清代的最后一座黄鹤楼，就毁于街巷大火。有趣的是，在清末被毁至 1985 年黄鹤楼重建完成期间，有一座“奥略楼”（1955 年拆除）曾长期成了黄鹤楼的替身。人们以讹传讹，都以为这栋楼就是传说中的黄鹤楼。

万里长江第一桥

武汉长江大桥桥身由 8 个大型桥墩托起于江中，为三联连续桥梁，每联 3 个桥洞，总共 9 个桥洞，桥洞跨度宽达 128 米，保证了万吨级货轮全年通畅。主桥两端各建有一座桥头堡，桥头堡高 35 米，内部空间共分 7 层，均可由内部升降梯或楼梯抵达。伫立于公路桥面的堡亭为仿古双檐小角亭，极具民族特色，与龟山东麓晴川阁和蛇山峰岭之上的黄鹤楼遥相呼应。

武汉长江大桥于 1955 年 9 月 1 日正式开工。第二年夏天，毛泽东来到武汉，第一次横渡长江，面对初见轮廓的武汉长江大桥，即兴写下《水调歌头 · 游泳》一词。1957 年 10 月 15 日，武汉长江大桥建成通车，“一桥飞架南北，天堑变通途”的伟大梦想终于实现了！

武汉长江大桥的建造创造了中国桥梁史上的许多第一，它的勘探、设计和施工凝聚了数代桥梁人的心血和智慧。其中世界首创的“管柱钻孔施工法”更是成为当时世界最先进的施工方法，大大缩短了工期并节省了人力、物力的投入。

历经半个多世纪的风雨，如今的武汉长江大桥依旧如钢铁巨龙，稳稳跨过大江南北。

滚滚长江，悠悠汉水，哺育着美丽的江城武汉。

站在黄鹤楼上，一低头便看到壮观的武汉长江大桥，古韵与科技在这一刻完美融合。

武汉东湖日出

牛轭湖的形成

20 世纪 50 年代，湖北有 1000 多个大型湖泊，是名副其实的“千湖之省”。但由于围湖造田、城市发展填湖等，很多湖泊不断缩小，甚至消失。

①河道在流水作用下变得曲折多弯。

②大水将漫滩冲开，导致河流自然截弯取直。

③原来的弯道慢慢被阻塞，形成湖泊。

武汉的湖，星罗棋布

东湖位于武汉市中心城区，是由多个湖组成的城中湖群。全湖可划分为郭郑湖、汤菱湖、小潭湖、团湖、筲箕湖、后湖、庙湖和喻家湖等，并与沙湖、杨春湖等相连，构成一个小型的湖泊水系，湖水面积约 33 平方千米。

站在高处俯瞰武汉，你会发现这座城市大湖之外连小湖，小湖左右又连湖，湖水相连，起伏隐现。夏天，湖面碧波万顷，游船往来，水中水鸟出没。湖的南岸山峦吐秀，美不胜收。湖西岸景点最为集中，建有水云乡、听涛轩、行吟阁、屈原纪念馆、濒湖画廊、长天楼、鲁迅广场等。

武汉因水而生、因水而盛。东湖就像是镶嵌在这座城市中的一颗颗珍珠，熠熠生辉。在快节奏的生活中，东湖悄无声息地为人们提供了一片静谧的精神家园，奏响了一曲人、湖、城和谐共生之歌。

丽江

桃花源里走一回

走进束河，在闲情与诗意中穿过古镇的大街小巷，你可以在不经意间收获很多令人惊喜的宁静与优雅。

课文回放

人们在桥上，在堤上，说着不同的语言。在不同的语言里，都有那个词频频出现：丽江，丽江。这时的丽江已经是一座很大的城了。城里也不是只有最初筑城的纳西人了。如今全中国全世界的人都要来丽江，看纳西古城的四方街，看玉龙雪山。

——阿来《一滴水经过丽江》（节选）

（人教版语文·八年级下册）

梦中的世外桃源

在众多堪称世外桃源的美景中，云南的丽江是位真正的隐士。无论是路人稀疏的黎明，还是华灯初上的夜晚，它的宁静如古井无波，难以被外世所扰。来到丽江的游人，总会带有些许恍惚的神情，仿佛走进另一个时空，遗忘过往，遇见过着另一种生活的自己。

每一个傍水而居的城市，定然有一种迷人的韵味，丽江也是如此。丽江给人以苍凉悲壮之感，但这里的古道、小桥、流水、人家，在白云悠悠的蓝天下，经过阳光的渲染，却洋溢出一股江南水乡般的清新秀丽来。

黑龙潭

古镇之美

束河，纳西语称为“绍坞”，意为“高峰之下的村寨”。密密的村舍粉墙青瓦，高低错落，依山傍水，环境清幽。村头有“龙泉”，泉水清冽甘甜，涌流不绝，蜿蜒流淌于村中，使当地人受惠不竭。束河又有“千年清泉之乡”的美名。

在闲情与诗意中穿过古镇的大街小巷，你可以在不经意间收获很多令人惊喜的宁静与优雅。

丽江古城位于丽江坝子中心，北依象山、金虹山，西枕狮子山，形似巨砚，故又名大研镇。古城在明代末年已初具规模，以古色古香的石板四方街为中心，街道与小巷交相勾连，呈蛛网状分布。街道均为石子铺就，石子路干净整齐，晴不扬尘，雨不积水。城中石拱桥、木板桥数目众多，每一条街道都伴随着潺潺溪流，交织穿梭。街畔“家家流水，户户垂杨”，悠悠轮转的木制水车，花近高楼的酒肆茶楼，俨然一派“高原水乡”风貌。

这座小城尽管名声在外，到处充斥着现代都市的繁忙，人来人往，车水马龙，却并没有染上金钱的俗气，不但没有现代商业的喧嚣与浮华，反而悠悠地透出一股温文尔雅的气息来。街上的人或繁忙或悠闲地出街入巷，挑着担子的农夫，担着新鲜的水果、蔬菜，悠然地走着，没有一丝急迫，走累了便在街口放下担子，席地而坐；背着行囊的外来行者，也随意在街上漫步着，步履轻松，形成了街道上一道独特的风景。

三朵的传说

生活在丽江的纳西族有一个古老的民间传说：一位猎人在玉龙雪山上发现了一块奇异的石头，便背起来往家走，走了一段路后放下石头休息，再要背起来的时候那石头就重得背不动了。纳西族人认为这块石头就是玉龙雪山山神的化身。雪山上，有一位穿白甲、戴白盔、执白矛、骑白马的天神保佑着纳西族人平安健康。这位白衣天神被人们称作“三朵”，也是纳西族心目中最权威的神灵。

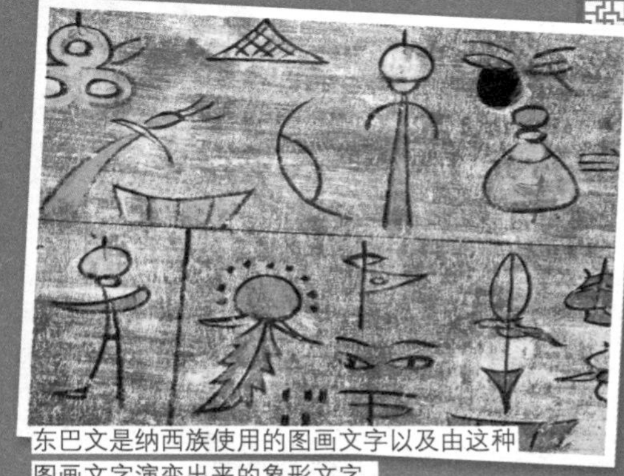
东巴文是纳西族使用的图画文字以及由这种图画文字演变出来的象形文字，蕴含了古代纳西族社会、历史、文化诸多方面的内容，是宝贵的研究资料。

丽江古城的心脏

来过丽江的人，没有不知道四方街的。丽江城内的街道很神奇，虽然密乱如麻，但无论你怎么走，最终都会到达四方街。四方街虽叫“街”，实际上却是一个小广场，四四方方，犹如一颗方方正正的符印，守护着这座小城的四方。站在这里观望，大街小巷排列有序，四周客栈环绕，店铺鳞次栉比，人声鼎沸。随着拥挤的人流进入市集，触摸着散发古韵的铜器、瓷瓶，穿梭于现代与古老的时光之间，不禁轻问自己：这是在哪里？待夜色降临，叫卖声、喧哗声随着落日的余晖逐渐远去，古老的青石板上，只留下一片皎洁的月光。

丽江，就是这样一个地方，让人感觉如此舒适、自在，或许这也是人们爱上它的原因。

丽江古城夜景

一半人间，一半仙境

在当地纳西人的心目中，水是玉龙雪山神明的恩赐，是生命的支柱，他们爱惜水源，城中水流鲜有污染。

玉龙雪山位于丽江古城南边的玉龙纳西族自治县，面积约430平方千米，南北绵延60千米，东西宽13千米，13座雪峰依次排列，如银白色巨龙腾空，故而得名。“玉龙昂首天咫尺，远视滇池照影白”，玉龙山体巍峨，高耸入云，最高处海拔达5596米。在褶皱密布、山高谷深的横断山脉分布地带，玉龙雪山超逸秀美，集险、奇、美、秀为一体。

玉龙雪山是北半球最南的大雪山，集亚热带、温带、寒带多种自然景观于一体，构成了独特的“阳春白雪”景色。其中高山雪域风景集中在4000米以上的高处，这里终年积雪，每当雨雪初霁，青松翠绿，白雪绿松掩映交错，像捉迷藏般交织出移步换形的流动感。

玉龙雪山是纳西族人的心灵寄托，
是人间至诚至真的象征。

伊春

一片冰冷又火热的土地

小兴安岭虽然美，但是有点冷啊，我得织一件毛衣保暖了。

动植物天堂

小兴安岭纬度高，地势高。其独特的地形地貌和气候条件，使这里成了耐寒树木和动物的天堂。

祖国的地图像一只昂首挺胸的金鸡，在这只金鸡的鸡冠上，两座逶迤的山脉相连，恰好构成一个“人”字，这就是大兴安岭和小兴安岭。其中“人”字的一捺，就是小兴安岭。今天，就让我们再度走入这座童话般的北方森林，看看会有怎样的奇遇。

课文回放

早晨，雾从山谷里升起来，整个森林浸在乳白色的浓雾里。太阳出来了，千万缕耀眼的金光穿过树梢，照射在工人宿舍门前的草地上。草地上盛开着各种各样的野花，红的、白的、黄的、紫的，真像个美丽的大花坛。

——董玲秋《美丽的小兴安岭》（节选）
（人教版语文 · 三年级上册）

伊春秋季多彩的森林

白山黑水，魂牵梦绕

在祖国的疆域最北端，一条大河流淌不息，隔开了祖国与接壤的邻国俄罗斯。大河的名字叫“黑龙江”。它所流经的土地，也以这条河的名字命名，叫黑龙江省。河流南岸的两条山脉，无声无息屹立在它的身侧，在祖国东北筑起一道屏障，默默陪伴着奔腾的河流。西边的是大兴安岭，东边的是小兴安岭。两条山脉环抱着肥沃的东北平原。发源于山上的河流，浇灌着这片沃土，让居住在这里的人们有了赖以生存的水源。山脉孕育着河流，河流滋养着生命。

北方山岭的冬天既冷又长，有时从十月就开始下雪，来年五月，方才有一点儿春天的迹象，算下来，将近半年都处在凛冽严冬中。从蒙古和西伯利亚高原一路奔袭至此的寒风，撞上连绵的山岭，和着水汽碎裂成雪花，铺出一片雪原。

虽然位于极寒之地，但小兴安岭并不荒凉。一般的花草难以承受低温和风雪，无法在这片土地立足，耐寒的树木却在这里找到了自己的领地，并将自己磨砺成栋梁之材。小兴安岭是我国重要的林场。位于小兴安岭腹地的著名“林都”伊春市大部分地区都是山林，以红松为主的百余种耐寒林木，遍布这座林业城市，千里松涛，辽阔壮观。每到秋季，自然赋予这些林木不同的色彩，装点着山林。

红松故乡

说到小兴安岭，就不能不提红松。小兴安岭被称为“红松故乡”，世界上一半以上的红松都分布在这里。听到“红松”这个名字，大家想到的可能是像秋天的枫叶一样火红的松树林，但其实红松的叶子并不红，一年四季都是针状的绿叶。它叫作“红松”，是因为树皮裂开后，会露出红褐色的内质。红松是一种高大的树，高度可达 50 米，有十几层楼那么高，很多树的年龄都在百年以上。

林间活跃的松鼠、灰雀、星鸦，给这片山林增加了灵动的元素，也是红松的好朋友。它们以红松的松子为食，而红松往往依赖它们传播种子。松鼠们为了过冬，常常将松子储存起来，放在不同的地方。但并不是每一只松鼠都有好记性，它们常常忘记自己的小粮仓在哪儿。这些被遗忘的松子，在春天破土而出，慢慢生长，多年之后，又是一株参天大树。这就使得红松的领地不断扩展，终于有了现在的规模。

林间跃动的憨厚精灵

在东北，人们常用“像傻狍子一样”来形容一个人傻乎乎、单纯懵懂的样子。“傻狍子”到底是种什么动物呢？

狍子是生存在东北山野丘陵间的一种中小型鹿，在小兴安岭地区尤为常见。它之所以被认为“傻”，有几个原因。其一是它受惊时的炸毛白屁股。狍子天生有个心形的白屁股，尾巴周围一圈儿都是白毛，看上去十分显眼。它们受到惊吓时，这一圈儿白毛会“炸”起来，这颗“心”一下子显得蓬松立体起来，看上去傻乎乎的，更加显眼了。据说，狍子炸毛其实是为了警示身边的同伴，让它们也能及时察觉危险。其二，狍子发现危险时，不会立马逃跑，而是反复确认周围情况后，才猛地想起逃跑。不仅如此，逃跑后不久，它们还会回到有危险的地方查看情况。所以猎人们遇到狍子逃跑，不会着急追赶，而是在原地埋伏就可以等到返回的狍子。据说，如果猎人追赶狍子，跑累了停下休息，狍子还会在不远处等着，等猎人休息够了继续追赶时再跑。其三，在山林间的公路，看到汽车灯光时，它们不知道应该躲避，反而经常好奇地追着灯光跑，有时甚至莽撞地撞上车子。

这样独特的性格，在我们看来呆萌可爱，但对狍子来说，这些习性往往被那些想要伤害它们的人利用。由于人们大肆捕杀，现今小兴安岭的狍子数量已经少了很多。

天然火山博物馆

在小兴安岭东南侧，分布着一系列火山。在遥远的过去，这些火山时不时“发怒”，炽热的岩浆喷涌而出，把悬崖变成湖泊，让湖底立起石山，彻底改变了这一带的地形地貌。这是一个漫长的过程，跨越数百万年光阴。其中最年轻的火山——老黑山，距离上一次喷发也已经有约三百年之久。

位于此处的五大连池就是典型的火山地貌。火山喷发的熔岩阻塞了河道，把原本浩无边际的河面分割成五个相连的湖泊，这就是五大连池。这样形成的湖泊被叫作“堰塞湖”。五个湖泊虽然相连，但由于湖底的沉积物不同，湖水颜色并不一样，有的淡绿，有的棕黄，有的黄中透绿。从高处看，五个湖泊仿佛五块颜色不一的宝石，散落在苍翠山林间。真让人怀疑，当初女娲炼五色石补天的时候，是不是不小心把宝石遗落在了这里？

燕山湖西侧的老黑山，是这一带火山中最高的一座。据说，这里本来没有山，是一片低洼的池沼，突然有一天，平地起火，石块飞腾，声震四野，从地下飞出黑石、硫黄，热气逼人，经年不绝，最后竟然堆积成了一座黑色的石山。

今天，站在老黑山上，四周是熔岩蜿蜒流动形成的黑色“石龙”，脚下深邃的漏斗状火山口，仿佛就是黑龙拔地而出的巢穴。难怪当地人也叫它“黑龙山”。不同形态的黑色熔岩铺开数十千米，形成壮观的翻花石海。远望五大连池，碧波千顷。这片遍布火山痕迹的土地，简直就是一处天然的“火山博物馆”。

你知道吗

什么是“放排”？

小兴安岭的春天，人们会看到溪流里一根根原木随着流水往前淌，这是怎么回事？原来，小兴安岭春夏秋气候潮湿，林间道路湿滑不好走，树木枝干水分含量大，不好砍伐，因此冬天才是伐木的季节。但冬季积雪封山，交通不便，伐木工人在深林中砍下原木，很难运送出山。于是他们将原木运到邻近的河边，放置在结冰的河面上。等到春天，冰消雪融，河流解冻，流水自然将原木运送下山，这就叫作“放排”。

香港永远盛开的紫荆花

课文回放

在香港飘扬了150多年的英国米字旗最后一次在这里降落后，接载查尔斯王子和离任港督彭定康回国的英国皇家游轮“不列颠尼亚”号驶离维多利亚港湾——这是英国撤离香港的最后时刻。

——周婷、杨兴《别了，“不列颠尼亚”》(节选)
(人教版高中语文·高一必修1)

维多利亚港两岸多幢建筑物上闪烁的灯光在动感的旋律中飞舞跳跃，让人用最直观的方式感受着香港这颗东方之珠的魅力。

在这里，能嗅到最时尚的气息，也能吃到廉价的鱼蛋；你可以在繁华的商场流连忘返，也可以去春秧街和叫卖的商贩讨价还价。这，就是香港。

最美不夜城

维多利亚港的海风，纵使在深冬，也并不凛冽。回首见港岛灯火通明，像烟花自半山绽放，迷离了人们的双眼。香港是属于夜晚的，白昼太匆忙，一切都让人无暇顾及。太阳挥别西山而去，弯月悄悄地升了上来，城市开始苏醒。夜色降临，这个城市逐渐活跃起来，也让人有了驻足流连的心情。白日熟悉的一切仿佛都变了样子，庄严肃穆的高楼大厦在日落时分眨一下眼睛，随之换上夜间的服饰，登上了维多利亚海边的豪华舞台。维多利亚港之夜的无穷魅力是难以言尽的。若中午前后下过大雨，洗得天上、海上和地上都清清净净的，到了夜里，空气就清新极了。极目远眺，便能清清楚楚地瞧见几团白云仿佛是贴在山巅和楼顶一样。此时，一切的困乏、烦忧和无聊都荡然无存，只剩下轻松和愉悦。和着清新的海风自由舞动，长达数里的灯色之中，变动着的只有两处：中环广场尖顶上的一小节霓虹灯在不住地转换色彩；中环中心从下往上渐密的横条状图案渐渐地变色，美轮美奂。

东方之珠

漫步在星光大道上，看香港岛霓虹闪烁，高楼耸立。展现在面前的是一幅多维、超时空的立体惊世美作：78层的中环广场与中银大厦等高层建筑，在灯火的烘托下气势恢宏、美轮美奂；维多利亚港两岸的灯火，与港湾中来来往往、金碧辉煌的游轮交相辉映，美不胜收。忘情地站在夜风中，痴痴地望着美丽的香江，耳边响起的是“东方之珠，拥抱着我”的旋律，想的是“不辞长作香江人”。东方之珠，这是给予香港的毫不过分的赞誉。

乘坐天星小轮可以尽情欣赏维多利亚港两岸的迷人景色。

中环渡轮码头位于香港岛国际金融中心对面的海旁，是由中环往来多个离岛及维多利亚港两岸的渡轮码头。

火山岩六角形柱状节理形成过程

①

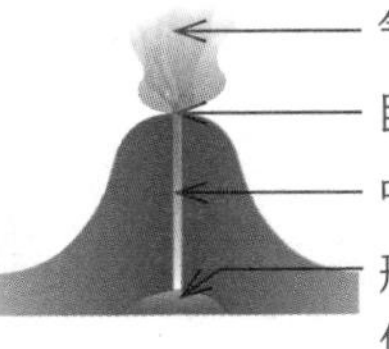

气体

巨型火山口

中央喷道

形成大量气体压力

②

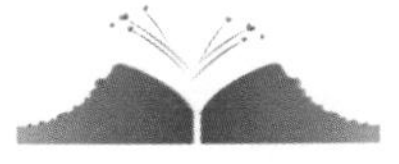

强烈火山爆发

③

形成巨大的凹陷，当中填满厚厚的炽热火山灰、碎屑和熔岩

④

开始冷却时，节理（裂隙）在表面形成

⑤

节理（裂隙）在岩石冷却时向下垂直延伸

⑥

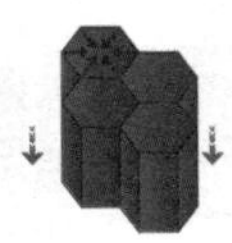

正在冷却的岩石向中心部分及向下垂直收缩，形成六角形岩柱

西贡火山岩园区

中国香港世界地质公园分为西贡火山岩园区和新界东北沉积岩园区。公园内拥有千奇百怪的地质遗迹，尤其是世界罕见的酸性火山岩六角形柱状节理景观，吸引了无数游客和地质研究爱好者。

火山岩柱状节理

太平山

太平山是香港最著名的景点之一，又被称为维多利亚峰、扯旗山、山顶公园。登上太平山顶，可全方位俯瞰香港全貌。登顶的最佳时间是在黄昏或夜晚，这个时候不仅能看到晚霞和万家灯火，还能看到维多利亚港璀璨的夜景。此外，在太平山顶的凌霄阁二楼，还有世界闻名的“杜莎夫人蜡像馆”。

圣约翰大教堂

圣约翰大教堂位于香港中环花园道。这座古老的建筑于1847年奠基，1849年建成启用，迄今已有170余年的历史，是香港最早的基督教堂。虽然地处闹市商圈，但圣约翰大教堂的古雅风范非但没被湮没，反为周遭平添了一丝安宁平静的氛围。

圣约翰大教堂的石砌楼塔上，小尖顶尤为醒目。

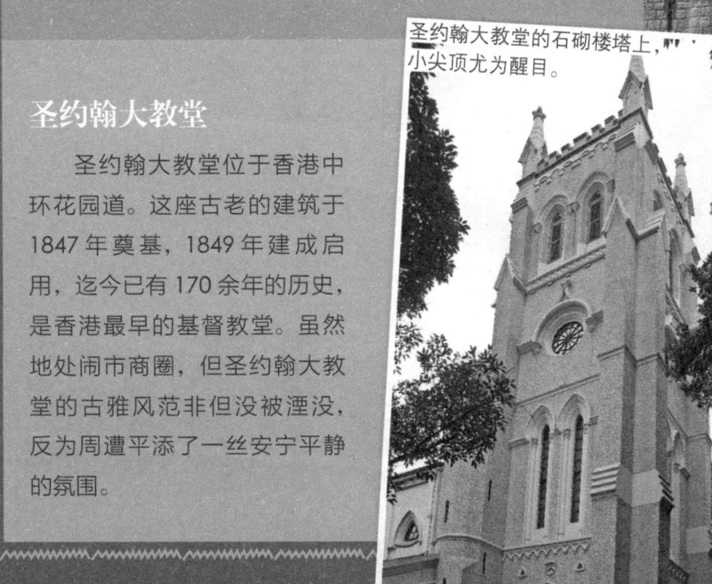

金紫荆广场

1997 年 7 月 1 日，中华人民共和国香港特别行政区成立，中央人民政府把一座金紫荆雕塑赠送给香港特别行政区政府以作回归纪念贺礼。这座金紫荆雕塑被安放在香港会议展览中心旁边的广场上，于是，这个三面被维多利亚港包围的美丽广场得名为“金紫荆广场”。

靠近维多利亚港的“永远盛开的紫荆花”雕塑，将维多利亚港近年的发展变化尽收眼底。

香港迪士尼乐园

香港迪士尼乐园坐落于香港新界大屿山，是全球第 5 座以迪士尼为主题的乐园，虽然它面积不大，是全球面积最小的迪士尼乐园，但乐园内的各种特色游乐项目一项不少，而且还加入了许多东方元素，成功营造出华人地区的第一个迪士尼奇幻世界，让入园的人仿佛回到梦里的童话世界。

星光大道

位于尖沙咀海滨长廊上的香港星光大道星光熠熠。这条大道是以电影为主题的景点，地面百余块地砖上镌刻着多位香港具有代表性的电影明星和电影人的手印和签名。走在星光大道上，读着那些熟识的名字，仿佛亲身经历着香港电影业的发展。

香港电影金像奖女神雕塑

中环

中环位于香港的中西区，是香港的政治及商业中心，很多银行、跨国金融机构、外国领事馆都设于此。同时，这里也是香港高档豪华的地标建筑所在地，林立着各种各样的大型购物中心、奢侈品牌专卖店，被称为“购物的天堂”。每一位来到中环的人，都会在这里流连忘返，对它念念不忘。

拥有多座世界级建筑的中环，是香港当之无愧的商贸重地。

文武庙

香港文武庙位于上环荷李活道，是一座建于清代晚期古色古香的庙宇组群。它由文武庙、列圣宫和公所三幢建筑物组成。主体建筑文武庙里供奉着文武二帝，掌管着人间文事武功，因此，为求一个好前程，许多人都会来此敬香跪拜。

澳门
这里很小，
却有
很多故事

澳门在明代初年曾是一个小小的渔村，如今已从当初的弹丸之地，变成了面积 29.2 平方千米、生机盎然的特别行政区。虽然它的面积非常小，但这丝毫不影响它的巨大魅力。400 多年的历史风云与东西方文化交融，如今澳门已被岁月打造出两枚鲜亮的标签：它既是超级"赌城"，也是中西合璧的历史文化名城。

课文回放

你可知"妈港"不是我的真名姓？

我离开你的襁褓太久了，母亲！

但是他们掳去的是我的肉体，

你依然保管着我内心的灵魂。

三百年来梦寐不忘的生母啊！

请叫儿的乳名，叫我一声"澳门"！

母亲！我要回来，母亲！

——闻一多《七子之歌》（节选）

（人教版语文·五年级上册）

无声的历史见证者

漫步于澳门的街市，虽然四周是随步伐流动的景色，可是静谧却仿佛在它们身上贴了标签，一切是那么宁静，就连时间也是悄悄地流淌着，生怕惊扰了匆忙的行人。

如果留心观察，你会在漫步的时候偶遇各种各样的教堂与庙宇，在这些教堂中，要数名为

“大三巴”的圣保禄教堂最为著名。相传，这座教堂基本建成于17世纪，曾是澳门最壮丽的一座教堂。1835年，一场大火彻底吞噬了圣保禄教堂，如今仅有残存的前壁成为人们流连的平台。这平台，便是大三巴牌坊。

高高矗立着的大三巴牌坊，犹如从战场中走出的士兵，经历一番枪林弹雨后，因体力不支而疲惫不堪。站在台阶上向上望，仿佛天空都因它而变得凝重。这座教堂，经历了怎样的大火和怎样的不幸，才变成今日的模样？看看那残存的前壁，那不甚清晰的圣经故事石碑，那圣人的铜像，也许它们正低低地讲述着教堂曾有过的辉煌岁月。

拾级而上走到大三巴牌坊前，空气似乎都变得庄严而肃穆。那个高大的牌坊，将前尘往事统统收纳，在我们面对它的瞬间，它再将那些往事一一重述。残损的痕迹，便是让人凭吊的示意，而对于其中的寓意，每个人的理解都不相同。

澳门印象

澳门美食

澳门汇集了澳门菜、葡萄牙菜及世界其他地方的美食。

水蟹粥

猪扒包

葡式蛋挞

有趣的澳门路牌

澳门的路牌以蓝色和白色为主色调，配以中文和葡萄牙文的街道名称，很有特色。

超级“赌城”

长达400多年的历史沧桑，造就了澳门独一无二的中西文化大融合景象。博彩业的传入和迅速发展，正是这一大融合的产物。博彩业成为澳门的一大经济支柱，使澳门这一弹丸之地赢得了“世界超级赌城”的称号，被誉为“东方蒙特卡洛”与“东方拉斯维加斯”。

有人说，如果你没有到过葡京，你就不算到过澳门。葡京是澳门最负盛名的旅游景点之一。如果说大三巴牌坊是澳门中西文化历史的见证，葡京则是澳门娱乐业乃至澳门经济的“图腾”。新旧葡京共同见证了澳门博彩业的崛起，以及博彩业从垄断到开放的巨变，甚至有学者将澳门的博彩业发展史划分为前葡京时代、葡京时代与后葡京时代。

从这金碧辉煌的建筑中走出来，再回望葡京：旧葡京形如鸟笼，含水而立；新葡京状若莲花，迎风盛开。面对新旧葡京，不知有多少人发出过“浮生若梦”的感慨。

澳门新葡京酒店

威尼斯人咏叹调

划着贡多拉，穿过叹息桥，欣赏日出日落，风景如画的威尼斯，曾让多少人魂牵梦绕。而事实上，在时差7小时外的澳门，同样能感受到浓郁的威尼斯风情，这就是澳门威尼斯人酒店。它以意大利水城威尼斯为主题，跫音笃笃的石板路、各式各样情趣盎然的拱桥，蔚蓝明澈的运河，轻盈纤细的贡多拉，余音绕梁的意式歌谣……恍然间，身在他乡的错觉油然而生。

人们乘坐贡多拉船，畅游三条室内运河及户外人工湖。

威尼斯人酒店壁画。

历史城区是澳门人口和建筑最为密集的区域，
真可谓“寸土寸金”，
古老的文物、建筑、遗迹遍布其中。

中西合璧之城

文化遗产是一座城市的独特印记，更是一座城市不朽的灵魂。卢浮宫是巴黎的代表，自由女神像是纽约的名片，天安门是北京的象征，历史城区则是澳门的灵魂。一座城市，如果没有了灵魂，再喧闹也是一座空城。

2001 年，澳门特别行政区政府启动了世界文化遗产申报工作。在最初的计划里，申报项目是 12 座分散的历史建筑。后来调整为将历史城区作为一个整体进行申报。

澳门历史城区是一片以旧城区为核心的历史街区，涵盖了妈祖阁、郑家大屋、圣老楞佐教堂等 22 座历史建筑和 8 块前地，东起东望洋山，西至新马路靠内港码头，南起妈阁山，北至白鸽巢公园，是中国现存规模最大、最古老、保存最完整和最集中的东西方风格共存的历史建筑群，也是中国的第 31 处世界遗产。从空中俯瞰，历史城区宛若一枚精巧的树叶，细长的街道就是它蜿蜒的脉络。从中式庙宇到欧式教堂，从中式庭院到欧式别墅，从阿拉伯风格的港务局大楼到葡萄牙风格的议事公局大楼，从小小渔村到繁华都市，历史城区是西方文化侵入和多元文化碰撞与聚合共生的历史见证者，多元文化在这座繁华都市的历史街区里都能找到其本真元素和融合所留下的淡淡印痕。

历史城区中的世界遗产

玫瑰堂

因供奉玫瑰圣母而得名。整座教堂建筑富丽堂皇，教堂旁的圣物宝库收藏了 300 多件澳门天主教珍贵文物。

大炮台

原名为“圣保禄炮台”，是当时澳门防御系统的核心，构成了覆盖东西海岸的宽大的炮火防卫网。

妈祖阁

妈祖阁坐落在澳门半岛的西南面，是澳门著名的古迹之一，已有五百多年的历史。

澳门人的莲花

澳门人对莲花情有独钟。澳门人世代以莲为镜，在澳门遭受殖民统治的年代里，世代历练着心性，最终修成如莲般的城市品性。

PART 2

历史课 这座古城有点故事

西安 长安一直是长安

美丽富饶的关中平原上孕育发展起来的古城西安，“南有巴蜀之饶，北有胡苑之利”，“进有渭水之便，退有关河可守”，所以从公元前11世纪以来，先后有西周、秦、西汉、新、东汉、西晋、前赵、前秦、后秦、西魏、北周、隋、唐等十三个王朝在此建都。

历史再现

秦灭六国

战国时期的连年战争，影响了经济发展和社会稳定，各诸侯国的人民希望结束战乱，过上安定的生活。秦国经过商鞅变法，实力超过东方六国，具备了统一六国的条件。秦王嬴政即位后，为灭亡六国进行了充分的准备。他招募各国的人才，委以重任，并及时听取建议，积极策划统一大计。

公元前230年，秦国发动强大的攻势，开始了灭六国、统一全国的战争。秦国的军队势如破竹，先后攻灭韩、赵、魏、楚、燕、齐六国。公元前221年，秦国完成统一大业，建立秦朝，定都咸阳。

秦灭六国后，又北进南下，对边疆地区进行开拓和经营，管辖范围大为拓展。

秦的统一，结束了春秋战国以来长期争战混乱的局面，建立起我国历史上第一个统一的多民族的封建国家。

——人教版中国历史·七年级上册

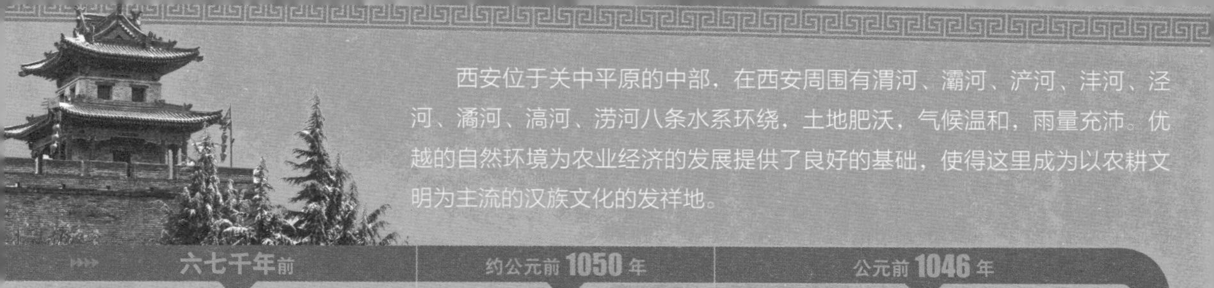

西安位于关中平原的中部，在西安周围有渭河、灞河、浐河、沣河、泾河、潏河、滈河、涝河八条水系环绕，土地肥沃，气候温和，雨量充沛。优越的自然环境为农业经济的发展提供了良好的基础，使得这里成为以农耕文明为主流的汉族文化的发祥地。

六七千年前

半坡遗址的发掘证明，早在六七千年前，这里就有母系氏族聚落存在。

约公元前 1050 年

帝辛二十六年（前1050），周灭崇国，占据沣水一带。

公元前 1046 年

周文王、周武王先后在沣水两岸建丰、镐两城，公元前 1046 年，周武王灭纣之后，以丰镐为国都。丰镐的都城建设有了“匠人营国，方九里，旁三门，国中九经九纬，经涂九轨，左祖右社，面朝后市”的规定，这种井格都城布局成为几千年来中国各朝代建都必须遵守的营建模式。

公元前 202 年

公元前 202 年，刘邦建汉，选取渭水南岸与秦咸阳南北隔水相对的阿房宫东北一处乡聚——长安作为国都。始在原秦兴乐宫的基础上修长乐宫理政，后又建未央宫、北宫、武库、太仓等大型宫宇群，并移政于未央宫。

公元前 138 年

建元三年（前138），汉武帝又建上林苑，开昆明池，造建章宫。汉平帝到新莽时期建明堂、辟雍、宗庙等礼制建筑，经过 220 多年的建设，完整的汉长安城建成。

581 年

经过魏晋南北朝近四百年的分裂，581 年，杨坚代北周建隋，改元开皇。隋初亦建都于汉长安城。但因长安城已使用八百年，隋开皇二年（582）开始建大兴城，直至隋亡。

大隋大興城圖

618 年

618 年，唐代隋后，仍定都大兴城，继续在隋大兴城的基础上建设，并于唐高宗永徽五年（654）全部完工，同时更名为“长安”。

904 年

唐末天祐元年（904），朱全忠劫昭宗迁都洛阳，并对长安城进行毁灭性的破坏，繁盛一时的长安城顿成废墟。

1369 年

明太祖洪武二年（1369），大将军徐达进占奉元路，并将其易名为“西安府”。洪武三年（1370）起，在原奉元路的基础上，将西安府西城墙向东延伸，建成较大面积的西安府城，一直沿用至今。

◄▲西安城楼

西安，古称长安，是我国黄河流域古代文明的发源地之一。

国际化的汉唐长安城

西安在历史上最辉煌的时期，就是汉代和唐代，当时的西安，已经成为世界上最繁华的国际化都市之一。汉长安城是当时全国的政治、经济和文化中心。城略呈方形，四面各开三门，城垣面积达36平方千米，人口约达50万，是当时世界上最宏大、最昌盛的城市。隋唐长安城是规模浩大、气势恢宏、布局整齐的大都城，城垣面积达84平方千米，人口达百万之众。随着“丝绸之路”的畅通和繁盛，长安成为交通频繁、宾客辐辏、商业繁荣的国际性大都会。

仅存的明代古城墙

虽然说现在的西安古城墙是明代所建，但古西安的建城史可以追溯到隋唐。隋文帝在开皇二年（582）建城，名为“大兴”，唐代改名为“长安城”，唐末毁于兵火战乱。唐代以后，长安虽然失去了作为都城的地位，但在军事、交通、商业贸易上依然重要，是整个大西北的重镇。

明代的西安城墙始建于洪武三年（1370），洪武十一年（1378）建成完工。城墙高大厚重，高达12米，底宽16～18米，顶宽12～14米，厚度大于高度，极其坚固。

西安城是一个严密的防御工程体系，是中华民族的建筑杰作，作为历史文物，它是我国现存完整、规模最大的城墙，是国家文物中的珍品。西安城墙现有城门18座。从永宁门开始，顺时针依次为：永宁门、朱雀门、勿幕门、含光门、安定门、玉祥门、尚武门、安远门、尚德门、解放门、尚俭门、尚勤门、朝阳门、中山门、长乐门、建国门、和平门、文昌门。而这18座城门的建成故事也是各不相同。有的城门始建于隋代或者明代，有的城门是近现代新开，有的是在被战火打开

西安，有着 3100 多年的建城史，1100 多年的建都史。西安如一名平静而从容的行者，走在古老与现代的舞台之上。

的城墙豁口上重建的，有的是在大明宫遗址旁新建的，有的是为了纪念伟大人物新建的，也有的是纯粹为了交通方便而建的。细数这些城门的名称来历，也可以从侧面了解到中华民族的沉浮往事。

夜色下的钟楼

西安钟楼，建于明洪武十七年（1384），是我国古代遗留下来众多钟楼中形制最大、保存最完整的一座。如今这座古色古香的钟楼处在西安市中心明城墙内东西南北四条大街的交会处，与四面穿梭的车流以及夜幕下的霓虹灯融合无间，古典与现代如此完美地交相辉映。

大唐芙蓉园是中国第一个全方位展示盛唐风貌的大型皇家园林式文化主题公园。

再现大唐盛世

大唐芙蓉园位于陕西省西安市曲江新区，建于原唐代芙蓉园遗址所在地，占地面积 60 余万平方米。景区包括紫云楼、仕女馆、御宴宫、芳林苑、凤鸣九天剧院、杏园、陆羽茶社、唐市、曲江流饮等众多景点。

吐鲁番

丝路之上的明珠

楼兰古城曾是古丝绸之路上的一座重镇，它还是丝绸之路西域段的门户和西域长史府的治所所在，对于促进东西方经济文化的交流发挥过重要的作用。

在丝绸之路上，我比马厉害多了。

历史再现

丝绸之路

自从张骞开辟通往西域的道路后，汉朝和西域的使者开始相互往来，东西方的经济文化交流日趋频繁。商人们载着汉朝的丝绸等货物，从长安出发，穿过河西走廊，经西域运往中亚、西亚，再转运到更远的欧洲；又把西域的物产和奇珍异宝运到中原。这条沟通欧亚的陆上交通道路，就是著名的"丝绸之路"。通过这条道路，汉朝的丝绸、漆器等物品，以及开渠、凿井、铸铁等技术传到西域；西域的核桃、葡萄、石榴、苜蓿、良种马、香料、玻璃、宝石等，以及多种乐器和歌舞等传入中原。丝绸之路是古代东西方往来的大动脉，对于中国同其他国家和地区的贸易与文化交流，起到了极大的促进作用。

——人教版中国历史·七年级上册

新疆，从被称为"西域"之时便是中外文化交流之地，各种文化在此交融、汇聚，这里是古丝绸之路的重要通道，曾创造了灿烂无比的古代丝路文明。千百年来，不同民族在这里生存，多元文化在此交流发展。

葡萄花鸟纹银香囊·唐

雍容古西域

古丝绸之路横贯新疆，它曾把古老的黄河流域文明和恒河流域文明、古波斯文明连接起来。在漫漫的历史长河中，古丝绸之路给后人留下了无与伦比的人文古迹和古文化景观。

新疆的丝绸之路，主要分为天山以南的丝绸之路和天山以北的丝绸之路。除了这两条主道，丝绸之路在新疆还有许多支道，它们对主道起着补充作用，其中包括两汉时期的五船道、伊吾道、车师道、赤谷道等，隋唐时期的碎叶道、弓月道、热海道等。

多姿多彩的文化

古代西域文化经过千百年的传承与发展，形成了如今新疆多姿多彩的民族文化。在新疆考古发掘出了大量距今3000多年的陶器，其上的图案纹饰与同时期中原和甘肃彩陶上的图案纹饰相类似，这说明在很早以前，中原文化就已经影响了新疆。

两汉时期，张骞和班超二人先后出使西域，开辟了丝绸之路。丝绸之路开启后，东西方的商贸、文化、科技在这里汇聚，一定程度上促进了西域文化的繁荣发展。

隋唐时期，西域音乐在中原地区也有着重要的地位，如龟兹乐、高昌乐、疏勒乐等。除乐曲外，大量西域传统乐器也传入中原地区，主要有琵琶、箜篌、鼓、角等，这些也成了唐代及后世音乐演奏中的主要乐器。

在这片博大的土地上，壮美的自然风景和悠久的西域文化相互结合，形成了新疆独具魅力的景观，吸引着人们前来观光。

①骆驼乐舞三彩俑·唐

②跪坐奏乐陶俑·唐

③苏巴什佛寺遗址

苏巴什佛寺又称“昭怙厘大寺”，始建于魏晋时期，鼎盛于隋唐。它被库车河分为东、西两寺。

山色似烈火

提到新疆就不得不提吐鲁番。

吐鲁番是一个具有2200多年历史的古老城市，同时也是中国最干旱的地方。人们对这座城市最深的印象莫过于火焰山了，每到夏季，空气中翻滚着阵阵热浪，炙热的阳光从空中倾泻而下。吐鲁番的四周都是高山，中间是低洼盆地，位于这里的艾丁湖是我国海拔最低的地方，特殊的地形致使太阳产生的光热很难散发出去。

每年100多天的高温天气，年日照3000～3200小时，年平均降水量只有16.4毫米，而蒸发量却高达3000毫米。这些数据成就了吐鲁番，让它获得了“火洲”的别称。

▲火焰山呈现出一种独特的赤褐色。

▶在吐鲁番经常可以看到成片的晾房，夏季鲜葡萄在晾房中晾三四十天就可以变成葡萄干。

唐代诗人岑参曾经写道："暮投交河城，火山赤崔巍。九月尚流汗，炎风吹沙埃。何事阴阳工，不遣雨雪来"。这首诗描写了吐鲁番典型的大陆性暖温带荒漠气候，它确实是名副其实的"中国热极"。

山不在高，有仙则名。火焰山虽然海拔不高，却闻名海内外。最著名的"事迹"莫过于古典文化名著《西游记》中第59回所描写的"唐三藏路阻火焰山，孙行者一调芭蕉扇"的故事了。小说之中的火焰山无春无秋，四季皆热，有八百里火焰，附近寸草不生。如果想要越过火焰山，就算是铜头铁身也会化成汁。唐僧师徒经过一番努力翻越火焰山的故事在民间广为传播，让火焰山成了天下奇山。

事实上，火焰山形成于喜马拉雅造山运动时期，它的附近有海拔4000米以上的天山，终年白雪皑皑。火焰山南侧也有盆地，其中的艾丁湖低于海平面154.31米。夏日到来的时候，盆地吸收的太阳能久聚不散，加上干燥少雨，气温居高不下，才造就了这样一座火焰山。

你知道吗

坎儿井是什么?

坎儿井是吐鲁番荒漠地区一种特殊的灌溉系统，也是中国古代三大工程之一，由暗渠、明渠和竖井三部分组成。其水源是山上积雪融化后渗入山间岩石的水流，人们在地下顺山势挖掘，引水灌溉农田，以减少水的蒸发。

坎儿井的外景

坎儿井的内景

坎儿井的结构

葡萄沟的甜蜜之旅

经过了酷日的炙烤之后，你最渴望的应该便是吐鲁番那香甜沁人的美味水果了。吐鲁番除了炎热的火焰山，田野之中还有棉田、瓜地、果园，片片绿意，规整地平铺在这片土地上。田野附近的村庄里，葡萄架下、晾房上、庭院里，处处都缀满了绿色，那色泽鲜嫩的水果随处可见。这些美味在葡萄沟里汇聚，这里成为让人流连忘返的天堂。

葡萄沟是葡萄的海洋，这条长约8千米、宽约2千米的狭长平缓的峡谷，在两侧壁立万仞的崖壁的夹持之下，孕育出了茂密层叠的葡萄，绿荫铺地，依山延展，仿佛天上降落人间的奇景。

火焰山上烈日炎炎，葡萄沟里绿意浓浓。葡萄沟夏季的平均气温比吐鲁番市内低3～5℃。这里除了栽种葡萄以外，还有桃、杏、梨、石榴、无花果等，各种花果树木点缀其间，让人目不暇接，如入仙境。

南京

我是南京，也是金陵

历史再现

南朝的政治

420—589 年，中国南方政权更迭频繁，相继出现宋、齐、梁、陈四个王朝。这些王朝都在建康定都，历史上统称为“南朝”。

——人教版中国历史 · 七年级上册

南京大历史

春秋时期：隶属于吴国、越国。

战国时期：隶属于楚国，称“金陵邑“。

东汉：建安十六年（211），吴主孙权将统治中心从京口（今镇江）迁至此地。

东晋、南北朝时期：东晋和南朝的宋、齐、梁、陈等国在此建都。

隋唐两代：这一地区的经济、文化不断发展强大。李白、刘禹锡、杜牧、李商隐等大诗人都曾来这里游览、生活。

宋元时期：这里作为东南地区的经济重镇而闻名。著名的北宋政治家王安石曾三次担任江宁知府。

1356 年：朱元璋攻占集庆，将之改名为应天府。

遇到困难不要慌，写首诗冷静一下。

六朝烟水，盛世流离，金陵之名通行古今。南京，最生动的历史课本，无数的繁华与落寞皆散落在这山水起伏间。正所谓"江南佳丽地，金陵帝王州"，这座城市兼具江南水乡的婉约与帝王之都的厚重。几度繁盛，桨声灯影；几度失落，甲胄鲜明。历史渗透进南京的每一根毛细血管，即使是贩夫走卒，也尽染六朝烟水气息。

地即帝王宅，山为龙虎盘

南京在古时曾被称为"龙盘虎踞之地"，王气之说不绝于耳。有这样两个传说：战国时期，楚国灭越占领南京，发现这里"气射斗牛，光怪烛天"，术士告诉楚威王这是王气。为保都城安全，楚威王命人在山上埋金以镇，金陵之名由此而来。秦始皇也发现了南京的天子气，于是将金陵改名秣陵，希望其只是个喂马的地方，并在郊外开挖河流，引淮水与长江沟通，以泄散王气。河流因是秦时所凿，便称"秦淮河"。东汉末年，孙权将秣陵改称建业。229 年，孙权在武昌称帝，国号吴，后迁都建业（今南京），这是中国历史上第一个在南京建都的王朝。东吴、东晋和南朝的宋、齐、梁、陈，连续六个王朝在南京定都。六朝时期，南京成为人口超百万的城市。

南唐、明朝、太平天国也曾先后在此短暂建都。政权更迭，城池被毁，多少次的腥风血雨被掩盖在胭脂金粉之中。靖难之役时一场大火烧毁了朱元璋耗费毕生精力修建的南京故宫；清军镇压太平天国运动后，火烧整座城市；1937 年的南京大屠杀成为南京最沉痛的记忆。因王气兴，也因其累。怪不得李商隐曾慨叹："三百年间同晓梦，钟山何处有龙盘？"

历史铸就南京魂

"三山半落青天外，二水中分白鹭洲"，"南朝四百八十寺，多少楼台烟雨中"，"朱雀桥边野草花，乌衣巷口夕阳斜。旧时王谢堂前燕，飞入寻常百姓家"。有着"六朝古都""十朝都会""江南佳丽地，金陵帝王州"之称的南京，一直以来都是历朝历代文人骚客吟咏古今、凭吊感怀之所。"传奇与典故，写下南京的沧桑；江河与湖泊，铸就南京的魂魄"，作为金陵文化的发源地，南京丰富深厚的历史文化孕育产生了金陵文化，并让其生根发芽，以"虎踞龙盘今胜昔，天翻地覆慨而慷"的气魄繁荣发展。

历史起落间，南京人早已有种宠辱不惊的淡然气度。

- 1368 年：朱元璋建立明，于此建都，1378 年改应天为京师，南京成为当时中国的政治文化中心。
- 1403 年：建文元年（1399），朱棣发动靖难之役抢夺建文帝帝位，1403 年改称"南京"。
- 1645 年：清军入关，攻陷南京后遂废除国都地位，改应天府为江宁府。
- 1853 年：太平军攻克南京，建立太平天国，改称"天京"。
- 1927 年：南京国民政府成立，定南京为首都。
- 1928 年：改南京特别市。
- 1930 年：改直辖市。
- 1952 年：改为江苏省辖市、省会。

秦淮河是南京第一大河，有内河、外河之分，流入城内的称“内秦淮”，是秦淮风光带精华所在。

秦淮风月，乌衣巷内

唐代著名诗人杜牧途经金陵，泊舟秦淮之时不免触景生情，写下千古名篇《泊秦淮》：“烟笼寒水月笼沙，夜泊秦淮近酒家。商女不知亡国恨，隔江犹唱后庭花。”杜牧的叹咏勾起前朝往事，也使秦淮河成为南京最重要的精神坐标。

秦淮河是南京的母亲河，内秦淮全长约 5 千米，被称为“十里秦淮”。一水相隔河两岸，一侧是“中国古代官员的摇篮”江南贡院，书声琅琅；一畔则是旧院、珠市，彻夜笙歌。秦淮河沿岸名胜古迹遍布，白鹭洲公园、江南贡院、李香君故居、乌衣巷……这些景点及其背后的鲜活故事使秦淮河成为“中国第一历史文化名河”。

提到秦淮河，就不能不提“秦淮八艳”，无论是寇白门、马湘兰，还是柳如是、李香君，她们侠骨芳心，有一腔爱国热血，这是桨声灯影里的重要旋律。

孔尚任历时十余个春秋写出了《桃花扇》，书中讲述的是秦淮八艳之一李香君的传奇故事。李香君本是苏州大户人家里最受宠的千金小姐，却在年幼时家道中落，被迫流落青楼。凭借婉转的嗓音和高超的琴技，李香君十六岁便已是媚香楼的名妓。她为爱坚守不惜血染桃花扇，为国忠贞不惜削发为尼。她的故事至今仍在流传。

距离媚香楼不远，就是著名的乌衣巷，据说三国时期驻扎此地的禁军皆着黑衣，故以“乌衣”为巷名。

巷子窄长，路面铺着青砖，两边是矮矮的仿古建筑民宅。在乌衣巷，凝固的时间释放出奇妙的能量，让看似普通的江南小巷况味悠长。乌衣巷的一砖一石，都与王导、谢安两大家族以及东晋的历史紧密相连，书圣王羲之、山水诗派鼻祖谢灵运也都曾居住在这里。东晋风流人物尽在乌衣巷。隋军攻下建康（今南京）后，乌衣巷变成了废墟，只剩下“旧时王谢堂前燕，飞入寻常百姓家”的叹咏。

南京数不清的“曾用名”

在漫长的历史中，南京曾经有过很多名字，如果你在历史书中看到这些称呼，它们都指代南京：

冶城、越城、石头城、白下、江宁、丹阳、金陵、秣陵、建业、扬州、建邺、建康、秦淮、蒋州、升州、上元、集庆、应天、南都、天京。

热烈且美丽

▲秦淮河夜景

▼南京郁金香花海

南京位于中纬度地区，属于北亚热带季风气候区。6月中下旬是南京的梅雨季节，阴雨绵绵。南京的夏季炎热，气温极高，气温最高时达40℃，正常时也在35℃左右，与武汉、重庆并称“三大火炉”，有“夏赏钟阜晴云”之说。南京的冬季寒冷、干燥，被称为“冬观石城霁雪”。南京的春秋短、冬夏长，冬夏温差显著，四季各有热色，皆宜旅游。

“春游牛首烟岚”“秋登栖霞胜境”，自古以来就是南京人所崇尚的景观。南京的春天花团锦簇，中国南京国际梅花节、樱花节、郁金香节、海棠花节、牡丹节等节庆活动均集中在2～4月。每年2～3月间，梅花盛开，3～4月樱花开放，郁金香、海棠花、牡丹花等在此期间也接连开放。到了凉爽的秋季，南京栖霞山上红叶如火，层林尽染，景象十分壮观。除了观赏枫叶外，固城湖螃蟹以及其他水产与秋季瓜果也可让人大饱口福。

南京秋叶

春季的南京，花香四溢，香飘满城，如此美景，岂容错过。

洛阳
不容忘却的神都

历史再现

北魏孝文帝迁都

北魏孝文帝即位后，立志用文治移风易俗。他力排众议，494年迁都洛阳，把百余万包括鲜卑族在内的北方各族人民迁到中原。他进一步推行汉化措施，规定官员在朝廷中必须使用汉语，禁用鲜卑语；以汉服代替鲜卑服；改鲜卑姓为汉姓；鼓励鲜卑贵族与汉人贵族联姻等。这些措施，促进了民族交融，也增强了北魏的实力。

——人教版中国历史·七年级上册

看，老君山上的金顶，好壮观啊！

阳光照射下，它好像在发光。

真的是金子做的房顶吗？

黄河水，浩浩荡荡向东而去，历史在这座大河的中下游凝结成一座闻名于世的大都会——洛阳。在激越的黄河水声中，这座城池经历了从无到有、从平庸到兴盛的历程，经隋、唐两世而繁华，成为当时万国来朝的著名都城。

初现曙光，展开文明画卷

洛阳城自古以来就以“河山拱戴，形势甲于天下”的地理优势为历代帝王所青睐，曾经有13个王朝先后定都于此，包括夏、商、西周、东周、东汉、三国魏、西晋、北魏、隋、唐、后梁、后唐、后晋。洛阳有5000多年文明史、4000多年城市史、1500多年建都史，是名副其实的千年古都。

两汉魏晋，开启洛阳新篇

两汉时期，洛阳得到了空前的发展。西汉时期，初设河南郡，洛阳成为河南的中心。东汉更是以洛阳为都城。495年，北魏将“六宫及文武尽迁洛阳”，这一时期佛教备受推崇，著名的龙门石窟就在此时修建完成。在东汉及魏晋时期，洛阳一直是中国最重要、最著名的城市，所以后人又将洛阳称作“汉魏故都”。在这个时期，出现了“建安七子”、蔡邕、蔡文姬等诗文大家；左思的《三都赋》更使得“洛阳纸贵”，而“汉魏文章半洛阳”的说法一点也不夸张。

隋唐盛世，冠绝天下

隋唐两代是中华民族经济、文化的高峰期，也是洛阳最繁盛的时期。经过长期的发展，洛阳早已成为人口多达一百万的国际性大都会。

当时的日本人不远万里来到中国，将中国的建筑风格和着装风格悉数学去，并仿照洛阳和长安的布局将当时的日本京都重新规划，而盛唐服装对日本的影响更是深远。

北魏孝文帝的“汉化改革”

“汉化改革”涉及政治、经济、文化等方方面面，孝文帝不仅自己带头实行，还强制要求皇族、百官和百姓严格执行。这些政策增强了北魏的综合实力，促进了民族的交融。

①孝文帝带头迎娶汉人女子，并鼓励皇族其他成员与汉族通婚。

②下令把鲜卑族人的姓氏（通常是复姓）改为单姓。

③调整骑马民族服装样式，服饰风格逐渐往典雅宽松的汉族衣冠风格发展。

④规定汉语是官方语言，30岁以下在朝廷做官的人必须说汉语。

⑤下令修建孔庙，给予孔子后裔土地与银钱，让他们可以继续祭祀孔子。

刻在大山上的灵魂

铿锵的诵经声，已随着时代远去。然而，那些雕刻于石窟中的一座座佛像，早已成为不可忘却的时代符号，永远镌刻在人们心中。遥远的龙门，其实就在眼前。

河南洛阳龙门石窟作为与山西云冈石窟、甘肃敦煌莫高窟并列的“中国三大石窟”之一，深刻地反映了中国古代尤其是北魏到唐代的雕刻艺术和佛教文化的传承与发展，一直在国人心中占有举足轻重的地位。这座始于北魏年间的佛教艺术宝库，早已以其珍贵而独特的艺术价值及四时别致景观赢得了八方游客的赞誉。

你知道吗

龙门石窟中最小的佛像有多小？

如今的龙门存有窟龛 2300 多座，佛像 10 万余尊，碑刻题记 2800 余块，佛塔 40 余座，工程浩大，气势恢宏，令人叹为观止。龙门石窟还具有浓厚的国家宗教色彩，这里是当时贵族们发愿造像最为集中的地方。在龙门诸多石窟中，最大的佛像高达 17.14 米，最小的仅 2 厘米，古代劳动人民卓越的雕刻技术令人赞叹不已。

2 厘米的佛像要用放大镜才能看清楚吧？

我更好奇 17 米高的佛像要多少人一起雕刻呀？

举世闻名的龙门石窟，位于洛阳城外南郊伊河两岸的龙门山和香山上，分布在河岸两旁的峭壁上，南北长约 1000 米，是佛教和雕塑艺术的完美结合。

牡丹香韵传千年

象征富贵的牡丹花，在唐代时闻名天下。“唯有牡丹真国色，花开时节动京城”等广为流传的诗词也显示出文人骚客对牡丹的由衷喜爱。影响深远的唐诗文化更与洛阳息息相关。杜甫、李贺、刘禹锡等人，生于洛阳一带，而“诗仙”李白、白居易等人也是在洛阳生活时达到了创作的巅峰。“若问古今兴废事，请君只看洛阳城”，宋代司马光的这句诗，将洛阳当时的地位清晰地展示出来。

▲白马寺正门

▶白马寺外的白马雕像

洛阳牡丹与龙门石窟、洛阳水席齐名，被世人赞誉为“洛阳三绝”，是当之无愧的洛阳名片。

古刹钟声长鸣

郁郁苍苍的古木林中，坐落着中原地区历史上的第一座佛家寺院，威严、肃穆，一如两千年前。白马寺，作为佛教在中国的源头，是讲述佛教与中国历史时永远不可能避过的话题。佛教在中国生根发芽并快速发展，正是始于洛阳白马寺。

同时，白马寺也是历史进程的一个缩影。接连不断的战乱灾祸，使白马寺数次经历战火的焚烧，并在战火之后如浴火的凤凰一般，得到新生。

时光荏苒，两千年转瞬即逝，世事变迁，沧海桑田，最初的汉代建筑虽然早已不复存在，但是佛的精神与禅的空灵，依然厚厚地积淀在白马寺中。历经浩劫的白马寺，最终涅槃重生，成为名闻天下的第一古刹。

开封
追寻名画中的盛景

宋太祖强化中央集权

960 年，后周大将赵匡胤在陈桥驿发动兵变，他的部下拥立他当皇帝。赵匡胤随即回师夺取后周政权，改国号为宋，以开封为东京，作为都城，史称北宋。赵匡胤就是宋太祖。

宋朝建立时，五代十国的分裂局面已出现统一的趋势。宋太祖和他的后继者依照先南后北的统一方针，陆续消灭了南方割据政权，结束了中原和南方的分裂割据局面。

——人教版中国历史 · 七年级下册

九月的天，是属于开封的，遍地盛开的菊花，热热闹闹地招揽着游人。行人如织，人声鼎沸，摩肩接踵，一瞬间的恍惚，好似让人回到了1000 多年前的宋代。那时汴梁城的繁盛或许远胜于今。时光就好似一池最有力量的水，将曾经的记忆一一漂洗，渐渐地，往事如云烟……

古代开封的交通和运输工具

汴河是北宋时期重要的航运通道，漕运、客运、货运、旅游，使得汴河沿岸成了繁荣的“商业中心”。

宋都汴梁迎盛世

开封古称“东京”“汴京”，地处中原腹地、黄河之畔，是中原经济区的核心城市。这是一座历史悠久、底蕴厚重的魅力之城，迄今已有两千余年的建城史和建都史。战国时期的魏，五代时期的后梁、后晋、后汉、后周，北宋和金相继在此定都，素有“七朝古都”之称。

如果说宋代以前的那些前尘过往对开封来说是一种铺垫，那么宋代无疑是开封最灿烂的全面爆发期。960 年，后周大将赵匡胤在距开封城不远的陈桥驿发动兵变，建立了北宋王朝，定都开封，在之后长达 167 年的统治时期，开封城得到了最为全面的发展。

此时的开封，被更名为“东京”，也称“汴京”。经历长时间的休养生息后，开封的经济迅速复苏，商业的发展推动了城市的繁荣，开封成了当时世界上最繁华的大都市之一，享有“汴京富丽天下无”的赞誉。

北宋画家张择端在其名作《清明上河图》里给予了当时的开封城最直观的描绘，如织的游人、来往的舟车、远高近低的茶楼、酒肆都在张择端的笔下徐徐展开。

重现中国古代城市生活

宋代的《清明上河图》，今日的清明上河园。在开封城龙亭湖西侧，以《清明上河图》为蓝本的清明上河园沿岸而建。租一套宋装，撑一把竹骨伞，转身走进清明上河园，仿佛走入了泛黄的画卷里，亦走进了市井繁华、店铺鳞次栉比的宋都。

迎宾门外广场上，只见开封府尹包拯正率文武百官，迎四海宾客，行开园大典。沿着古色古香的宋街信步前行，一路莺歌燕啼，微风拂柳，只见身着宋装的男女穿梭其间，叫卖声、杂耍声、拉车声，声声入耳。若有闲暇，不妨到茶楼中沏一壶清茶，点几道小菜，也算是体味一回宋人的风雅了。

虹桥卧波，汴水东流，汴水之上的虹桥是《清明上河图》的中心，北宋覆灭后，它与干涸的汴河河道一起湮灭在历史的尘埃中。今天，这座“虹桥”再次在“汴水”之上架起，人们仿佛在碧波尽头看到了当年漕运的盛景。

清明上河园的趣味在于沉浸式的游园活动。如果你满腹才学，不妨到四方院中换上宋装大显一番身手，说不定就能中个“状元郎”。

悬在天际的明月依然是北宋的那轮明月，当年的勾栏瓦肆已变成了如今的高楼大厦。幸运的是，人们依然能够从清明上河园的一砖一瓦、一花一草中感受到那来自宋都的韵味，漫步园中，我们仿佛走进了画卷里，一朝梦回大宋。

千年皇家古寺

大相国寺始建于北齐天保六年（555），当时被称为建国寺。后来被废，一度沦为私家宅院。唐延和元年（712），睿宗李旦为纪念以“相王”即位，将其更名为大相国寺。到了宋代，大相国寺被钦命为“皇家寺院”，成为京城最大的寺院。

今天，位于开封市中心的大相国寺依然殿宇巍巍，霜钟远振。寺内钟楼悬挂的铜钟是清代乾隆年间的遗物。每当秋日寒霜之时，每每敲击之，声音清悦悠远。通过玉带桥和放生池，能看到正殿——大雄宝殿。大殿雕梁画栋，威严肃穆，金碧交辉，被誉为“中原第一殿”。

开封印象

包公祠

位于包公湖西侧，是为纪念执法如山的北宋名臣包拯而修建的。

祐国寺塔

始建于北宋皇祐元年（1049），建在开宝寺内，故称“开宝寺塔”；明代寺院易名为“祐国寺”，故又称“祐国寺塔”；又因塔之外壁镶嵌褐色琉璃砖，似铁色，俗称“铁塔”。素有“天下第一塔”的美称。

龙亭公园

开封最大的风景区。包括午门、朝门、龙亭大殿等建筑。还有潘杨二湖、春园、盆景园、植物造型园及长廊水榭等园林景观。

北京一砖一瓦皆历史

历史再现

明朝的北京城

明朝的北京城是在元大都的基础上，经过大规模的扩建和改造发展起来的。朱棣通过“靖难之役”成为明朝第三个皇帝以后，选定北京为都城，从1406年开始对北京城进行大规模的营建，1420年基本建成，次年正式迁都北京。

——人教版中国历史 · 七年级下册

《北京宫城图》· 明

这是一幅明初北京城的俯瞰图。
立于金水桥旁，身穿红衣的官人可能是紫禁城的主要设计者——明代著名巧匠蒯祥。

京城印记

明太祖洪武元年（1368）八月，名将徐达、常遇春攻下元大都，元顺帝仓皇出逃。朱元璋将大都改名“北平”，取“北方太平”之意。经过“靖难之役”，明成祖登上帝位，于永乐元年（1403）决定升北平为都城，称“北京”，改北平府为顺天府。为了军事和政治上的需要，明成祖开始着手营建北京。从永乐四年（1406）动工，永乐十五年（1417）兴建北京宫殿，永乐十九年（1421）由南京迁都北京。从此，北京开始了作为帝都的辉煌。清廷入关之后，全盘承袭了明代北京城，就连紫禁城也只是对原有建筑做了一些重修，或只是局部的小范围的改建和扩建。正北京，一座世界闻名的历史文化名城。它从 70 万年前北京猿人的栖息地，演进到 3000 多年前的西周古城；又从秦汉、隋唐时期的北方重镇，发展为辽代的陪都、金代的中都，元、明、清三代的首都。新中国成立后，它又成了我们伟大祖国的政治、文化、科技创新中心。而今，它正以巨人般的脚步，朝着现代化国际大都市的宏伟目标迈进。

如傅熹年先生所说：“明在元大都基础上改建成北京城，废毁了元之宫殿、坛庙、官署、祠宇，重新规划建设，清代沿用，基本完整地保存至今。这是中国数千年历史上十余座都城中唯一保存下来的，其宫殿、坛庙、祠宇、官署可谓集历朝成就之伟构，体现了古代规划、布局和建筑的最高水平。”

明清北京城集中体现了我国古代在都城规划建设上的理论、方法、技术和艺术。它是我国古代劳动人民和规划匠师们智慧的结晶。

九门走九车

明代时的北京城有很多城门，光内城就有九座城门，每座城门都有不同的用途，也就是俗话所说的“九门走九车”。

德胜门走兵车：出兵打仗的将士走此门。

西直门走水车：出此门可达供皇家饮水的玉泉山。

阜成门走煤车：出此门可到门头沟煤矿。

宣武门走囚车：此门的城门洞顶上刻着“后悔迟”三个字。

正阳门走龙车：皇帝和上、下朝的官员走此门。

崇文门走酒车：商人从此门出入。

朝阳门走粮车：此门的城门洞顶上刻有谷穗图案。

东直门走木车：运送木材、砖瓦的车常走此门。也有东直门走百姓车的说法。

安定门走粪车：走粪车的门。也有人说这是胜利收兵之门。

震撼人心的南北中轴线

北京有一条南北中轴线，形成于元大都规划北京城的时候。北京城左右对称和空间分配，都是以这条中轴线为依据的，其所特有的壮美的秩序，也是因这条中轴线的存在而产生的。可以说，这是当今世界上最长、最伟大也最壮丽的一条城市中轴线。

钟楼

鼓楼

地安门外大街

地安门内大街

景山

神武门

太和门

午门

天安门

正阳门

永定门

北京中轴线作为一道绚烂的华彩乐章，这个乐章的终结符就是钟楼和鼓楼。钟鼓二楼像两颗辉煌灿烂的明珠，镶嵌在中轴线的最北端，北京钟鼓二楼始建于元代，是元明清三代北京城的报时中心。

景山曾是古时北京城内的最高点，明清两代的皇帝常站在山的顶峰俯瞰他们的王朝是何等雄壮与强盛。

故宫是明清两代的皇宫，又称为“紫禁城”。午门是紫禁城的正门；太和门是紫禁城内最大的宫门，也是外朝宫殿的正门；神武门作为皇宫的后门，是宫内日常出入的重要门禁。

天安门，是明清北京城皇城的正门，建成于明永乐十八年（1420），名“承天门”。清代定鼎北京，改称“天安门”，并一直沿用至今。

正阳门是明清北京内城正南门，俗称“前门”。位于北京城中轴线上天安门广场正南方，由城楼及箭楼组成。

永定门是北京外城的正南门。永定门由箭楼、城楼和瓮城等构成，是北京城中轴线的南起点。

世界遗产皇冠上的钻石

天坛，是明清两代皇帝祭天的祭坛，是世界上现存最大的祭天建筑群。天坛凝聚了中国古代先贤的智慧和劳动者的心血，是中国祭天文化的结晶。世界遗产保护委员会是这样评价天坛的：一、天坛是建筑景观设计的杰作，它简洁而生动地表达了对一个伟大文明发展产生过重要影响的宇宙观。二、天坛独特的象征寓意的规划设计，长期以来对许多地区的建筑和规划产生过深远的影响。三、中国的封建统治延续了两千多年，而天坛的规划设计思想，体现了它的合理性。

①明十三陵采取建筑组群的空间布局形式，选择群山环绕下的相对封闭的环境作为陵区，各帝陵协调布置于一处。建筑与环境紧密结合，形成了庄严肃穆之感。

②石牌坊为陵区前的第一座建筑物，建于1540年。牌坊用汉白玉雕砌，雕刻精美，反映了明代石质建筑工艺的卓越水平。

去明十三陵看浓缩的大明

明十三陵位于北京西北郊昌平区，是自明代第三代皇帝朱棣起到崇祯止（除景帝外）共十三位皇帝的十三座陵墓。此外，陵区内还建有七座贵妃陵寝和一座太监陪葬墓，以及为帝、后谒陵服务的各种设施场所，包括神道、监、园、工部厂等，形成一组建筑群。明十三陵在明代帝陵中规模最大，以其悠久的历史、雄伟的建筑、神奇的地下宫殿而闻名于世。

明十三陵是中国历代帝王陵寝建筑中埋葬皇帝最多的皇家陵寝。

博物馆里的中国史

古都是历史的见证者，它从历史中走来，也向着未来昂首阔步。
文物是历史的讲述者，它穿越千年的历史，向今天的我们讲述过去的故事。
当我们走在古都，重游历史故地时，千万不要忘了去那里的博物馆看一看。
博物馆中的件件文物，将带你看到中华上下五千年的璀璨星河。

中国国家博物馆

位于北京，拥有藏品 143 万余件，其中包含很多重要的文物，例如“后母戊”青铜方鼎、旧石器时代的石器、四羊青铜方尊等。走遍中国国家博物馆，就仿佛从远古时代一步一步走到了今天。

“后母戊”青铜方鼎

上海博物馆

馆内收藏着很多珍贵的青铜器、陶瓷器和书画。藏有大克鼎、商鞅方升、《上虞帖》等国宝。馆藏的珍贵书画作品仿佛让游客摆脱了时间和空间的束缚，清晰地看到那段历史。

长信宫灯

河北博物院

位于河北省石家庄市，镇馆之宝有西汉中山靖王刘胜墓出土的金缕玉衣以及刘胜妻子窦绾墓出土的长信宫灯等。长信宫灯造型美观，功能实用，为铜灯珍品。这盏 2100 多年前的灯，是来自汉代的一束光，它将亲自为参观者照亮一段辉煌的历史。

河南博物院

位于河南省郑州市，贾湖骨笛、妇好青铜鸮尊、云纹铜禁、武曌（武则天）金简等大名鼎鼎的国宝都汇集于此。河南是文物大省，要想了解远古时期和夏商周时期的历史，一定不能错过河南博物院。

T形帛画

湖南博物院

湖南省最大的历史艺术类博物馆，是首批国家一级博物馆，尤以马王堆汉墓出土文物最具特色。千年女尸不腐的秘密、仅有 48 克重的衣服、2000 多年前的精美帛画……这里有太多秘密等待人们去探索。

越王勾践剑

湖北省博物馆

藏有百万年前的郧县人头骨化石、云梦睡虎地出土的秦简、江陵县望山一号楚墓出土的越王勾践剑、随州曾侯乙墓出土的曾侯乙编钟等，样样都是蜚声海内外的精品文物。在这里还能欣赏到现场编钟演奏表演，可以身临其境体验春秋战国时期的音乐之美。

南京博物院

我国第一座由国家投资兴建的大型综合类博物馆，被评为“国家一级博物馆”。馆藏有“广陵王玺”金印、错银铜牛灯、《竹林七贤与荣启期》砖画等大量珍贵文物。

“广陵王玺”金印

杜虎符

陕西历史博物馆

中国第一座大型现代化国家级博物馆，现有藏品 170 余万件（组），拥有战国杜虎符、镶金兽首玛瑙杯等国宝，被誉为“古都明珠，华夏宝库”，是收藏和展示陕西历史文化与中国古代文明的艺术殿堂。

PART 3

地理课 探秘奇特的地形地貌

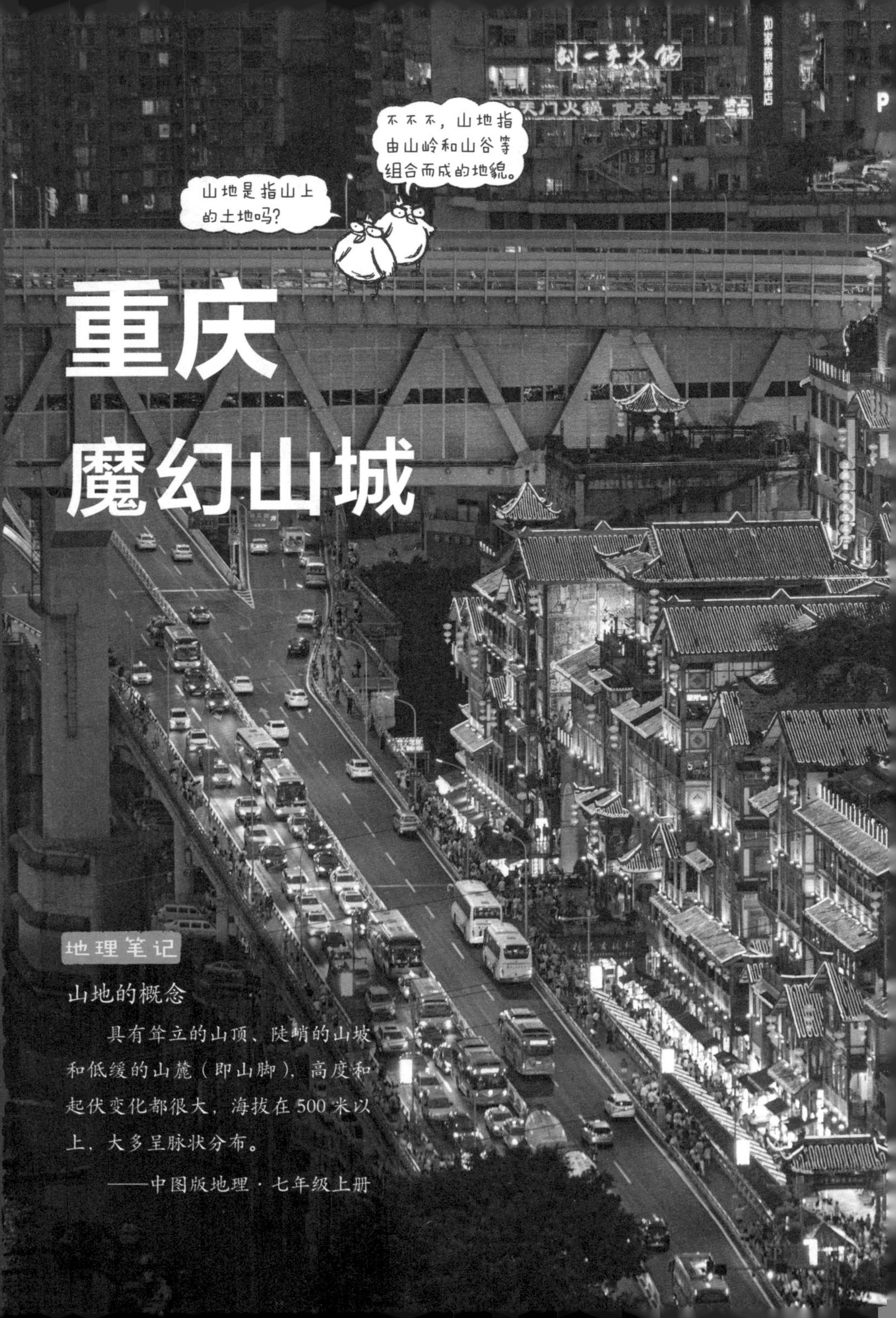

重庆
魔幻山城

山地是指山上的土地吗?

不不不，山地指由山岭和山谷等组合而成的地貌。

地理笔记

山地的概念

具有耸立的山顶、陡峭的山坡和低缓的山麓（即山脚），高度和起伏变化都很大，海拔在500米以上，大多呈脉状分布。

——中图版地理·七年级上册

重庆地处我国内陆西南部，是一座由山、水、雾、雨构成的水墨城市。特殊的地理环境和气候使得重庆具有很多特色，也因此有了很多别称，如因夏长酷热多伏旱而得名“火炉”，因城市依山建筑而得名“山城”，因冬多云轻雾重而得名“雾都”。

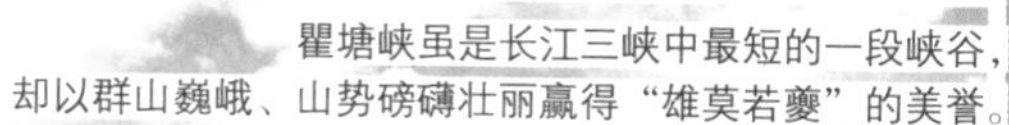

瞿塘峡虽是长江三峡中最短的一段峡谷，却以群山巍峨、山势磅礴壮丽赢得“雄莫若夔”的美誉。

城在山上，山在城中

说起重庆，人们首先就会想到山。在其市域内，地貌是近似平行的一条条山岭、一道道山谷，就像一层层波浪，相间排列，相互平行而延伸发展。在山岭之间有宽 10 ~ 30 千米的谷底，地理学家称这些山为“平行岭谷”。重庆的山除南面的四面山、黑山之外，巫山、武陵山、明月山、铜锣山、歌乐山、巴岳山等主要山岭都呈东北—西南走向，近似一条条平行线。

从高空俯瞰重庆主城区，其所处的川东平行岭谷区是典型的背斜成山，向斜成谷。其中，明月山、铜锣山、中梁山和缙云山这四条长条形背斜山岭形成了重庆主城区的骨架，而背斜山岭中间肥沃的土地，则孕育了美丽的重庆主城区，使重庆成为“城在山上，山在城中”的山城。

重庆的地质基础为红岩，由于水的长期溶蚀作用和伴随的机械作用，重庆地区形成了众多形态各异、鬼斧神工般的独特溶洞、温泉、峡谷等喀斯特地貌，著名的“天下第一洞”芙蓉洞就位于重庆的武隆。重庆还拥有世界上规模最大的串珠式天生桥群，天龙桥、青龙桥和黑龙桥是其中最为有名的。三桥气势磅礴，分布于同一峡谷的 1.5 千米范围内，桥间又有天坑，非常罕见。

重庆不仅四面环山，还被江水环绕，本身就是一座成长于大江上、从码头发展而来的城市，故又名“江城”。长江、嘉陵江两江环重庆横贯而去，加之众多支流水系，使重庆既有大江的磅礴气势，又有河流溪水的婉约风情。

你知道吗

我国的主要地形

三峡西端入口瞿塘峡夔门两侧的高山，分别呈红、白色，在阳光的照射下，交相辉映。

长江三峡

长江三峡由瞿塘峡、巫峡和西陵峡组成，长208千米的三峡是长江最具神韵的地方，这里有雄奇豪放的山峰、艰险的明滩暗礁、汹涌奔腾的江水，还有变幻莫测的云彩、神秘缥缈的雾气，从而构成了长江最奇峻、最壮丽的三个大峡谷。而这三峡西边的起点便在重庆市奉节县的白帝城。

千厮门嘉陵江大桥

重庆是一座“桥城”。因为重庆江河纵横，长江干流流经重庆，所以仅中心城区就有30座跨江大桥，是名副其实的“桥都”。千厮门嘉陵江大桥是重庆著名的地标性大桥。

白帝城

白帝城是长江三峡上的一颗明珠，地处重庆市奉节县瞿塘峡口的长江北岸。白帝城风景区一面靠山，三面环水，前临长江，背倚高峡，气势雄伟，是“夔门天下雄”的最佳观景点。“朝辞白帝彩云间，千里江陵一日还。两岸猿声啼不住，轻舟已过万重山”。这首妇孺皆知的《早发白帝城》就是伟大的诗人李白在白帝城吟咏的千古绝唱。

大足石刻

大足石刻是儒、释、道三教融会的石窟造像群，有摩崖造像141处，造像总计5万多尊，铭文10万余字，造像众多、技艺精湛、底蕴深邃，是9～13世纪中国石窟造像艺术的典范，1999年被联合国教科文组织列为世界文化遗产。大足石刻中，尤以宝顶山摩崖造像和北山摩崖造像最为著名。

洪崖洞

“洪崖洞”指的是位于重庆市渝中区沧白路旁，面朝长江和嘉陵江交汇处的洪崖洞民俗风貌区。在这里能看到最具巴渝传统建筑特色的“吊脚楼”，它们沿江而起，依山就势，层叠而上。提起洪崖洞，重庆人恐怕没有不知道的。这处历史悠久的地方可以说已经深入每一个重庆人的骨血，更成为重庆历史文化的见证和重庆城市精神的象征。

古栈道

长江在古代是我国通行能力最强、规模最大的通道，但三峡水路之险也闻名天下。为了减少伤亡，古时每到洪水期都要封航，而封航之时江边的这些栈道就成了商旅往来的交通要道。“危乎高哉！蜀道之难，难于上青天！”李白在《蜀道难》一诗中如此描述当时的蜀道之艰险。而如今，在长江三峡还保留着一部分古栈道，让后人体会那“难于上青天”之势。

磁器口古镇

磁器口古镇原本是嘉陵江边一个重要的码头，繁盛一时，有“小重庆”之称。现在是一处风景优美、古色古香的历史文化古镇。

重庆火锅

每个城市都有自己独特的味道。说到重庆的味道，恐怕非“麻辣”不可，而这麻辣的代表，必是那红油翻滚、香气扑鼻的重庆火锅了。不论是凛冽寒冬还是炎炎夏日，重庆的火锅店内都是人声鼎沸，而重庆人的爽直、乐观都在这一锅锅火锅中得以体现。

大连 山海相连的城市

地理笔记

丘陵的概念

海拔一般在500米以下，地势起伏不大、坡度和缓，相对高度不超过200米。

——中图版地理·七年级上册

处处能看海的浪漫之都

大连市的地貌形态以丘陵为主，还有部分山地和零星平原及低地。大连是一个名副其实的港湾城市，冬无严寒，夏无酷暑，气候宜人。

大连，因为海的存在，在整个辽宁来说，显得是那么别致，那么迷人。如果要在中国的北方寻找最具时尚气息的海洋文化，那只能来到大连。漫步在大连的海岸上，一个接一个的海洋景观让人应接不暇。

星海广场是大连市最大的娱乐休闲广场，是浪漫的大连滨海公路开始的地方。海边垂钓的人有男有女有老有少，举家坐在海际的防护墩上赏海景的那份悠闲让人好生羡慕。坐落于星海广场的贝壳博物馆是目前世界最大、国内唯一的专业贝壳博物馆，海贝的奇异、海贝的灿丽缤纷被展者发挥到了极致。

从星海广场出发向东南，有金沙滩度假区和银沙滩公园，傍傅家庄公园走完滨海西路，进入滨海中路。滨海中路到老虎滩海洋公园转入滨海东路，东路到与迎宾路的交接口转入滨海北路，北路延伸到海之韵广场。整条滨海公路大多在山间起伏，而公路两侧的山傍着海。7月里，山上不是吐芳争艳的时日，却是聚碧竞幽的季节，大连人爱在这条路上散步，逍遥山海间，邀山海同己畅怀。

大连，是海鲜最富集的地方，赫赫有名的海胆、海参、鲍鱼自不必说，就连极普通的海味，到了大连也是别有滋味。谁让大连与海这样有缘分呢。

◀中山广场

▲星海广场位于大连南部海滨风景区，原是星海湾的一个废弃盐场。

那一抹浓重的广场风情

大连有很多的广场。过去的老广场、如今的新广场，加在一起就成了大连城市的一大特色。

中山广场是大连最著名的广场之一。这座广场最早的名字叫“尼古拉耶夫广场”。它是俄国人萨哈洛夫设计的。当年，为了把大连（当时叫“达里尼”）建成一座具有俄国风格的城市，萨哈洛夫没有遵照中国本土城市的建城传统，而是以法国首都巴黎为样板进行设计。萨哈洛夫在中央设计了一个直径200多米的圆形广场，并以俄皇的名字命名。正是这个巨大的圆形让这个城市从一开始就呈现出一种陌生的特质。它像一个匍匐在地上的太阳，身体向四周完全地敞开，围绕着它矗立起银行、剧院、教堂等公共建筑，在这些公共建筑之间呈放射状铺出十条主干街道。

广场的名字在不同的时期被改来改去，但最终定下来一直延续至今的却是“中山广场”这个名字。有了第一个广场，此后，大连的城市建设和广场密不可分。

现在的人民广场是当时规划的行政中心，原名为“政府广场”“斯大林广场”。中山广场和人民广场是大连两个最有代表性的广场。其他还有星海广场、友好广场、民主广场、三八广场、五一广场等。

» 傅家庄公园是大连市政府开辟的四大海水浴场之一。

» 大连自然博物馆始建于1907年，是集地质、古生物、动物、植物标本收藏、研究、展示于一体的综合性自然科学博物馆。

» 老铁山是东北亚大陆候鸟迁徙的主要通道之一，每年九月中旬至十月中旬，候鸟迁徙途中在此停歇。

» 星海公园是一座历史悠久的大型海滨公园，地理位置优越，风景优美。

渡海建筑师的试验场

随着日俄战争的爆发，俄国战败，萨哈洛夫仓皇离去，他的城市蓝图落到了日本人的手里。日本占领大连之后，一些从欧洲学成归来的建筑师，纷纷聚到大连来招揽生意，几乎掀起了一股来大连的热潮。20 世纪初大连其实就是这些渡海建筑师模仿欧洲近代古典主义的试验场。一时间，哥特式、巴洛克式、文艺复兴式建筑在大连的广场和街道上鳞次栉比。

大连东港东方水城

百年沧桑旅顺口

旅顺口风景名胜区是一个由近代战争遗迹、百年军港和山、海、岛、礁一起构成的人文景观景区。旅顺口风景区黄渤海分界线被誉为“中国北方海岸的天涯海角”。旅顺口在近代经历了日本侵略、沙俄强租、日俄争掠、日本占领等诸多黑暗历史时期，也留下了保存较为完整的炮台、堡垒、监狱等战争遗迹及沿用至今历经沧桑的海军基地，在以和平和发展为世界两大主题的今天，尤其具有纪念和警示意义。

▲旅顺口风景

▶旅顺口的标志醒狮

» 太阳沟历史文化街区由沙俄始建，日本续建，是日俄对华实行殖民统治的侵略罪证，具有极高的历史价值。

» 郭家村遗址是新石器时代文化遗址，属省级文物保护单位。

» 蛇岛是国家级自然保护区核心区，是蝮蛇良好的栖息繁殖地。

» 大连白云山庄“莲花状构造”是地质学家李四光命名的地质景观。

» 老虎滩海洋公园是展示海洋文化的现代化海洋主题公园。

» 老虎尾半岛是老铁山东脉，主峰西鸡冠山海拔 171 米。

拉萨 离太阳最近的地方

地理笔记

高原的概念

海拔一般在500米以上，范围宽广、面积较大，外围较陡、内部起伏较为和缓。

——中图版地理 · 七年级上册

地表各种各样的形态叫作“地形”。基本类型有山地、丘陵、高原、平原和盆地五种。

青藏高原因4500米以上的平均海拔高度，被誉为“世界屋脊”，又因为极度寒冷，被人们称作除南极与北极之外的“世界第三极”。从高和寒的地理意义上讲，“世界第三极”也已成为青藏高原的代名词。西藏自治区是青藏高原的主体区域，位于青藏高原的西南部，平均海拔在4000米以上。西藏的首府拉萨也被称为“离太阳最近的地方”。

青藏高原是世界上时代最新、海拔最高的高原。

东半球气候的“调节器”

青藏高原雄踞在亚洲的中部，地处中低纬度，总面积约 250 万平方千米，平均海拔 4500 米。其地域之广阔、地势之高峻，是世界上其他高原所无法比拟的。高大突起的高原，不仅使它自身形成了非地带性的高原气候，而且对北半球西风气流的东进、东亚的季风环流起到了屏障作用；同时它又对造成我国东部地区大雨或暴雨的西南低涡的产生起着重要的影响。青藏高原堪称我国乃至东半球气候的“调节器”。

世界之最，山水之极

号称“世界屋脊”的青藏高原拥有两项世界之最：一项是世界最高山峰——珠穆朗玛峰，另一项是世界最深的河流峡谷——雅鲁藏布大峡谷。第一高峰与第一深谷遥遥相对，在地平线上下构成两道雄伟瑰丽的绝景奇观。

珠穆朗玛峰是喜马拉雅山脉的主峰，海拔 8848.86 米，素来享有“地球之巅”的美誉。

雅鲁藏布江的河床平均海拔在 4000 米以上，是世界上最高的大河。它的下游围绕南迦巴瓦峰形成一个奇特的马蹄形大拐弯，在青藏高原上切割出一条长 504.6 千米的巨大峡谷。

人类已经征服了珠穆朗玛峰，
到达离天最近的地球之巅，
却始终未能将足迹踏遍低于地平线的
雅鲁藏布大峡谷。

贴近天堂的圣殿

布达拉宫位于拉萨市西北海拔3700米的红山之上，如一枚释放魔力的巨大磁石，不管身处西藏的哪个角落，人们虔诚叩拜合拢的手掌永远指向这座世界上海拔最高、规模最雄伟的雪域宫殿。

布达拉宫的诞生，与青藏高原上的伟大英雄松赞干布有着密不可分的联系。7世纪时，吐蕃王朝的松赞干布建都拉萨，为了迎娶远道而来的文成公主，在此建起初期规模并不宏大的红山宫。宫殿经过多年扩建、修筑才成为如今的样子。

布达拉宫本身就是一座精美绝伦的建筑精品。这座宏大的建筑群落依山而建，宫宇叠砌，楼殿嵯峨，犹如一颗宝石天衣无缝地镶嵌在红山之上。尤其是那层层相叠的阶梯自山脚而起，一路迂回曲折而上，直至山顶，引得无数游人叹为观止！

历经1300多年的时光浸染，布达拉宫收藏和保存了大量珍贵的文物。据初步统计，宫中现有金质、银质、玉石、木雕、泥塑的各类佛像数以万计。还有贝叶经、甘珠尔经等珍贵经文典籍以及明、清两代皇帝封赐达赖喇嘛

布达拉宫，既像是登临宝座的千年王者，
又像是一颗雄冠世界的硕大明珠，辉耀四方。

的金册、金印、玉印等。布达拉宫就像一个巨大的文化宝库，每一件文物都闪耀着古代劳动人民的智慧之光。

从历经劫难的千年宫殿到绽放新颜的佛教圣地，布达拉宫走过了千年历程。千年之后，这座世界上最接近天空、与云相伴的伟大宫殿，依然坚实矗立在高原圣城上，当纯净清澈的阳光照射下来，便会焕发出动人心扉的华丽光彩。

大昭寺

粉刷布达拉宫

藏历每年9月，各地的藏族同胞都会来到布达拉宫，用牛奶、白糖和红糖等把布达拉宫粉刷一新。据说这项传统已经延续了数百年。

①把牛奶、白糖和白灰等搅拌成涂料。

②把涂料背上山。

③吊在墙壁上粉刷墙面。

拉萨的灵魂

如果说布达拉宫是藏族文化象征，那么，位于拉萨老城中心的大昭寺无疑是拉萨的灵魂。大昭寺没有布达拉宫那种居高临下、威严慑人的气势，显得热闹、亲切与平易近人，它在庄严中流露出浓浓的众生平等、慈悲为怀的气氛，让人忍不住想亲近。

大昭寺始建于7世纪中叶，传说为吐蕃赞普松赞干布的王妃尼泊尔尺尊公主创建的宫殿，至今已有1300多年的历史。大昭寺是西藏现存最古老的仿唐式汉藏结合土木结构建筑，融合了尼泊尔、印度的建筑风格，后来又经过元、明、清历代修缮与扩建，现在的占地面积已达25000多平方米，对藏传佛教及藏族社会产生了巨大而深远的影响。

桂林 仙境落入凡间

广西地处我国南部，独特的喀斯特地貌和溶洞景观美不胜收，泛舟漓江，宛若游在画中。一句“桂林山水甲天下”，让广西桂林成了最让人心生向往的地方。当我们走进桂林，领略过这里秀美独绝的风光后，就能真正体会到“甲天下”之评绝非虚誉。

山似仙山

桂林地处广西东北部，亚热带气候，具有典型的喀斯特地貌。这里的山，是亿万年前的海底岩石在地壳运动时升上地表，加上流水对岩石的岩溶作用、风的侵蚀作用等众多因素综合影响形成的。所以，桂林的山跟北方峭拔冷峻的山不太一样，它们多是安稳地伫立在平整的大地上，远远看去，如塔似林，不管是雾气环绕还是阳光普照，都给人一种温润的美，寓刚于柔，怪不得唐代的大诗人韩愈说这里的山如同“碧玉簪”一样呢。

象鼻山位于漓江与桃花江汇流处，原名漓山，也叫“沉水山”，酷似一只站在江边伸鼻饮水的巨象，是公认的桂林山水的象征。明代诗人孔镛曾写诗称赞说：“象鼻分明饮玉河，西风一吸水应波。青山自是饶奇骨，白日相看不厌多”。象鼻山海拔不高，“象鼻”和“象腿”之间

地理笔记

喀斯特地貌的概念

组成地壳的岩石有一部分是可溶性岩石，如石灰岩等。在适当条件下，这类岩石的物质溶于水并被带走，或重新沉淀，从而在地表和地下形成形态各异的地貌，统称为“喀斯特地貌”。我国的广西、贵州、云南等地喀斯特地貌最为典型。

——人教版地理 · 高一必修 1

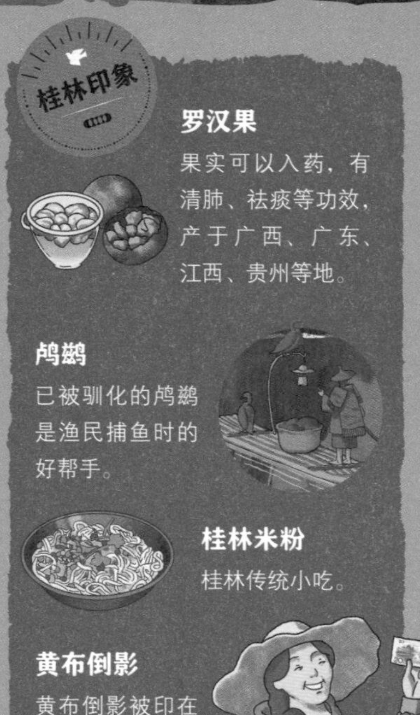

通透的洞名为“水月洞”，漓江水能流贯其间，远远看去，如同一轮明月漂漾在水上，“水底有明月，水上明月浮”的自然奇景让人叹为观止，当地人把这种美景叫作“象山水月”。象山周围，漓江的水清可见底，晴朗的日子泛舟其中，可见粼粼波光上倒映着绿水青山和朵朵白云，美不胜收。水月洞中藏有张孝祥、范成大等众多古人题写的石刻，登上象鼻山，还能看到象眼岩、普贤塔、云峰寺等景观，在感受自然之美的同时，也能了解象鼻山承载的人文历史以及当地的文化。

在桂林市的东北，还有一座桂林市内最高的山，这便是尧山。尧山拥有丰富的喀斯特地貌，也拥有丰富的人间美景，被众多旅游达人称作欣赏桂林山水的最佳去处。据说这里是在桂林唯一能观看浩瀚云海的地方，它有变幻莫测、绚丽多彩的四时景致，天然卧佛景观更是世界之最。登上山顶举目四望，可见峰翠原绿，山水相依，农田如棋局，村舍点缀其间，为人们展现着怡人的田园风光。每当暮春三月，杜鹃花开，尧山就好似待嫁的新娘，红、橙、紫、绿、粉等各色杜鹃花把整个尧山装扮得绚丽多彩，分外妖娆。

千奇百怪的钟乳石

钟乳石是石钟乳、石笋、石柱的统称。

石钟乳

悬挂在洞顶、向下生长的一根根倒锥状钟乳石。

石笋

自洞底向上生长，单株呈尖锥体或圆柱体的钟乳石。

石柱

若石笋与悬挂洞顶的石钟乳相接则成为石柱。

石幔

渗流水中的碳酸钙沿溶洞壁或倾斜的洞顶向下沉淀成层状堆积而成。

漓江长164千米，是世界上风光最秀丽的河流之一。而漓江自桂林至阳朔的83千米水程，是广西东北部喀斯特地貌发育最典型的地段。

水美如画

说到桂林的水，最先想到的当然是漓江，如果桂林是一位美女，那么漓江既是她的明眸皓齿，也是她的炫彩华服，桂林的生命由漓江赋予活力，桂林的美艳亦由漓江增添色彩。泛舟漓江，才能真切地感受到桂林山水的精髓。

乘着小舟行驶在漓江上，水路曲直交错，水流有缓有急。平静处，水面如镜，清可见底，无论是轻雾弥漫还是阳光明媚，都有一种清新自然、令人沉醉的美。小舟平稳地前进，令人享受其中，身心得到彻底的放松。湍急处，看银浪翻滚，水花朵朵，愉悦平和的心境又增添了几分激动。微风徐来，青山两岸，时有孤山直立，时有奇峰相拥，时而见平畴旷野，时而见山海峰林。山峰的姿态千变万化，欣赏起来真是目不暇接，带给人们无限的想象空间。那无边的翠绿和绚丽，峰回路转的惊喜，随着水路的行进不断涌来，愉悦着行人的眼目，震撼着人们的心灵，舟行水上，人却如游在仙境一般。难怪很多到过漓江、游过桂林的人都会生出“愿做桂林人，不愿做神仙”的感慨。

▲芦笛岩溶洞位于广西桂林西北郊，洞深 240 米，洞内大量绮丽多姿、玲珑剔透的钟乳石组成了高峡飞瀑、圆顶蚊帐、盘龙宝塔、水晶宫、帘外云山等景观。

地下仙洞

桂林既为喀斯特地貌，自然富有奇美瑰丽的天然溶洞，所谓“山清、水秀、洞奇、石美”是桂林山水的最大特点。世人皆知“桂林山水甲天下”，而“桂林溶洞盖天下”的说法，同样为到过桂林溶洞的人们所认同。

桂林溶洞众多，各有千秋，每一个溶洞内部都是一个迷人的世界。这里的溶洞多是连环洞，洞叠洞，洞套洞，洞内岩石五颜六色、千姿百态，或如猛兽，或如飞禽，或似参天巨树，或似怒放琼花，千变万化，总是不断有惊奇等着人们去探索。

位于荔浦市的丰鱼岩是国内外罕见的特大溶洞，有“亚洲第一洞”之美称。溶洞中有一条地下河，盛产油丰鱼，人们可在里面放舟游览。洞内密布石钟乳、石笋、石柱、石幔、石花、石瀑等地理景观，丰富多彩，姿态万千。游人盛赞这里是“一洞穿九山，暗河漂十里，妙景绝天下”。

七星岩位于桂林市七星景区内，洞内分上、中、下三层，石笋、石柱、石幔、流石坝等喀斯特奇石密布其间，人们根据它们的形状起了很多好听的名字，如群英聚会、银河鹊桥、孔雀开屏、蟠桃送客等，这样的美景超过四十处。行走在洞中，仿佛是在观赏一条雄伟壮观、气势磅礴的地下画廊。

独特的地理位置、优越的气候条件、得天独厚的喀斯特地貌，共同造就了桂林山水画卷的美丽。巍巍青山，潺湲流水，是大自然的神奇馈赠，一处处美景，如同一个个动人的故事，等着人们去欣赏和品味。

喀斯特的英文是 KARST，是“岩溶”的意思。

敦煌传奇 秘境魔鬼城

地理笔记

风沙地貌的概念

在干旱地区，以风力为主形成的各种地貌统称为风沙地貌。我国的风沙地貌主要分布在西北地区。干旱地区，地表多是沙漠和戈壁，风大而频繁。风及其挟带的沙粒冲击和摩擦岩石，天长日久，就会形成风蚀柱、风蚀蘑菇、雅丹等地貌。

——人教版地理 · 高一必修1

敦煌，位于甘肃省河西走廊的西端，地处甘肃、青海和新疆三省区的交汇点。在这块群山拥抱的天然盆地之中，不仅有沙泉共处，也有神秘莫测的沙漠奇观；不仅有神话萦绕，也有文物荟萃的千佛灵岩。可以说在敦煌这块沃土上，保存着数不完的“塞外胜状”。

玉门关外“魔鬼城”

出敦煌古城，沿着丝绸古道西北行约 80 千米的路程，便到达了因唐代诗人王之涣的诗句“羌笛何须怨杨柳，春风不度玉门关”而声名远播的古玉门关。继续西行约 90 千米后，在广阔的黑色戈壁滩上有一处典型的赭黄色雅丹地貌群落，这里便是敦煌雅丹国家地质公园，敦煌人称之为“魔鬼城”。这里之所以被称为“魔鬼城”，是因为它的地貌形态异常诡谲；再者，这里地处戈壁沙漠大风区，每当夜幕降临之后，沙漠中呼啸的风声令人胆寒。

19 世纪末，瑞典人斯文·赫定对罗布泊附近及其以东地区的风蚀地貌进行了详细考察后，采用维吾尔语“雅丹”来命名这种独特的地貌。从此，“雅丹”就成为气候干燥多风地区这一类地貌的名称，流行于世。

维吾尔语“雅丹”的原意是指气候干燥多风地区“陡壁的土丘”，后来泛指风蚀土墩和风蚀凹地（沟槽）的地貌组合，而且其土墩与凹地（沟槽）成平行并且相间排列，顺盛行风向伸展。

据地质地理学家研究，敦煌雅丹“魔鬼城”位于新疆罗布泊之东。在这个地区，自从高大的青藏高原隆起后，南面印度洋的暖湿气流就不能到达，其东面遥远的太平洋来的暖湿气流到了这里已成强弩之末，西面来的水汽被帕米尔高原和天山所阻挡，所以气候变得异常干旱，古罗布海逐渐缩小为罗布泊，其以东变成干涸的海底，后来又成为古疏勒河下游宽阔的河谷。

罗布海湾干涸后，留下了大面积深厚的沉积物。由于气候干燥，大部分泥质沉积物干缩而产生龟裂，在流水不断冲刷和盛行风的长期吹蚀下，逐渐形成了我们现今看到的敦煌雅丹“魔鬼城”，它的形成经历了大约 30 万年到 70 万年的漫长岁月。

蓝天映照下的雅丹石柱

敦煌雅丹地貌的形成

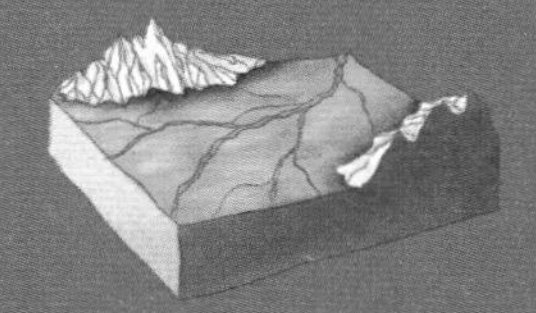

①地表抬升，流水沿着裂隙开始侵蚀地表。

②流水和风一起侵蚀地表，导致沟槽越来越深、越来越宽。

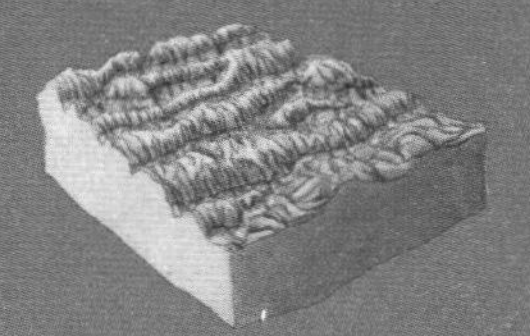

③慢慢地，地表形成了垄岗状雅丹体。

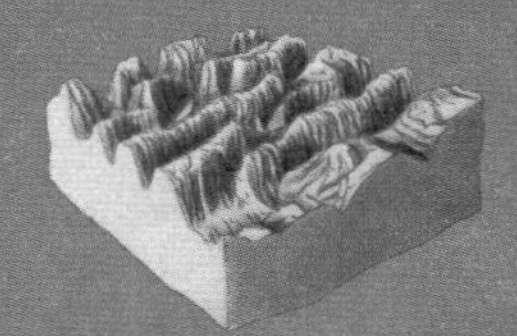

④垄岗状雅丹体进一步被侵蚀，纵向的沟槽将其切割成独立的小型雅丹体。

敦煌雅丹国家地质公园里的雅丹体形态各异，人们根据它们的样子想出了很多有趣的名字。

莫高窟

俗称“千佛洞”，坐落在河西走廊西端的敦煌，以精美的壁画和塑像闻名于世。是世界上现存规模最大、内容最丰富的佛教艺术宝库。

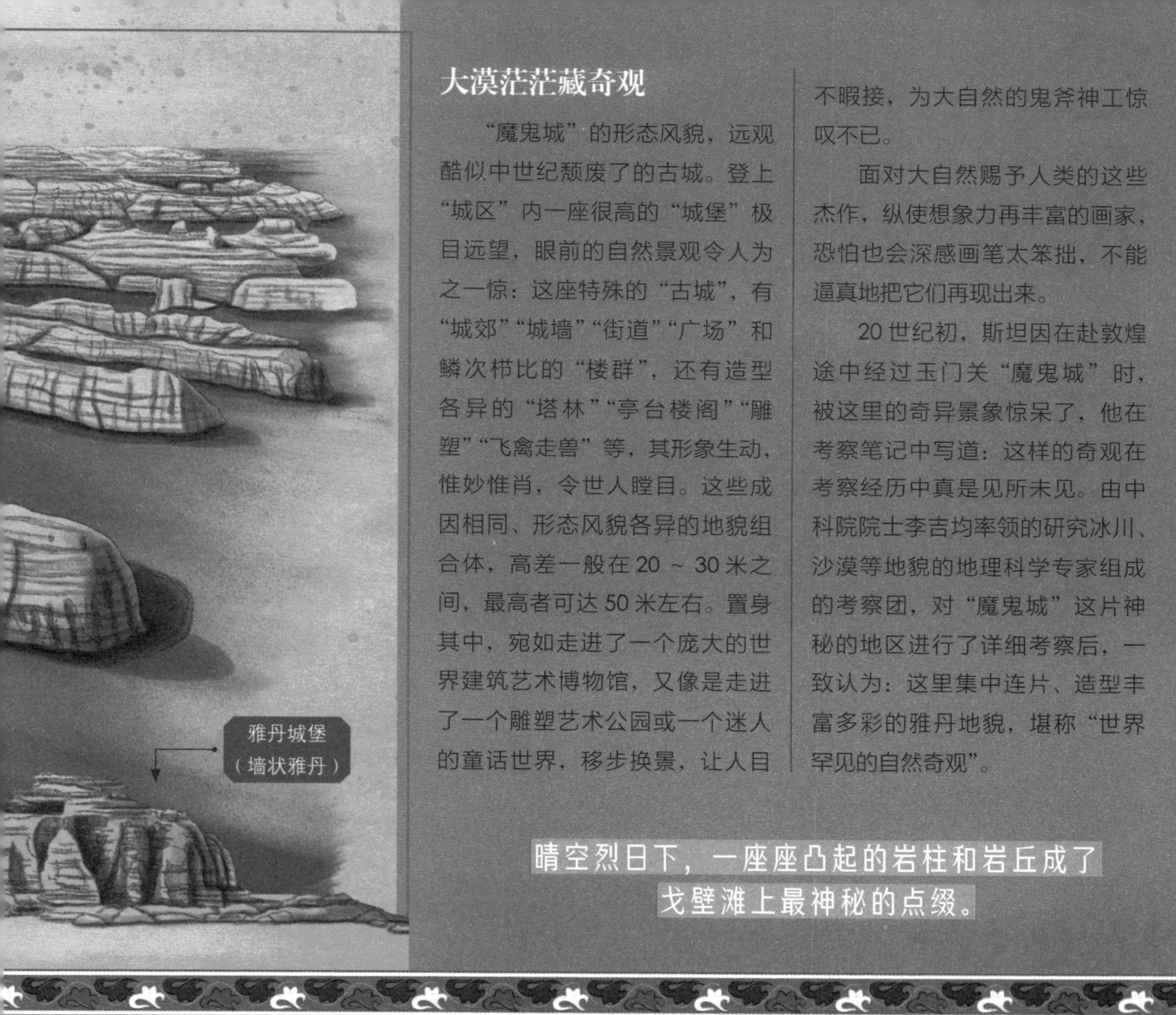

大漠茫茫藏奇观

“魔鬼城”的形态风貌，远观酷似中世纪颓废了的古城。登上“城区”内一座很高的“城堡”极目远望，眼前的自然景观令人为之一惊：这座特殊的“古城”，有“城郊”“城墙”“街道”“广场”和鳞次栉比的“楼群”，还有造型各异的“塔林”“亭台楼阁”“雕塑”“飞禽走兽”等，其形象生动，惟妙惟肖，令世人瞠目。这些成因相同、形态风貌各异的地貌组合体，高差一般在 20 ~ 30 米之间，最高者可达 50 米左右。置身其中，宛如走进了一个庞大的世界建筑艺术博物馆，又像是走进了一个雕塑艺术公园或一个迷人的童话世界，移步换景，让人目不暇接，为大自然的鬼斧神工惊叹不已。

面对大自然赐予人类的这些杰作，纵使想象力再丰富的画家，恐怕也会深感画笔太笨拙，不能逼真地把它们再现出来。

20 世纪初，斯坦因在赴敦煌途中经过玉门关“魔鬼城”时，被这里的奇异景象惊呆了，他在考察笔记中写道：这样的奇观在考察经历中真是见所未见。由中科院院士李吉均率领的研究冰川、沙漠等地貌的地理科学专家组成的考察团，对“魔鬼城”这片神秘的地区进行了详细考察后，一致认为：这里集中连片、造型丰富多彩的雅丹地貌，堪称“世界罕见的自然奇观”。

晴空烈日下，一座座凸起的岩柱和岩丘成了戈壁滩上最神秘的点缀。

鸣沙山与月牙泉

鸣沙山因其山上的积沙骚动有声而大名灿灿；月牙泉，则因形似弯弯新月而芳名远扬。

玉门关和阳关

汉武帝开辟河西后，“列四郡、据两关”，两关指的就是玉门关和阳关。玉门关和阳关与长城相连，并有河仓城为仓储，是一个完备的军事体系。

三亚

上岛！不止看海

地理笔记

海岸地貌的概念

海岸在海浪等作用下形成的各种地貌，统称为海岸地貌。有些海岸是由岩石构成的。受海浪等的侵蚀作用，海岸岩石逐渐形成海蚀崖、海蚀平台、海蚀穴、海蚀拱桥、海蚀柱等地貌。海滩、沙坝等则是常见的海岸堆积地貌。海滩按照沉积物颗粒大小可分为砾滩、沙滩、泥滩。有的海滩地势平坦，滩面广阔。

——人教版地理 · 高一必修 1

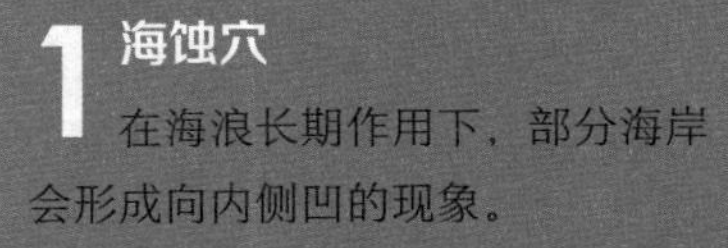

1 海蚀穴

在海浪长期作用下，部分海岸会形成向内侧凹的现象。

2 海蚀崖

海蚀穴不断扩大，上面悬空的岩石发生崩塌，便形成海蚀崖。

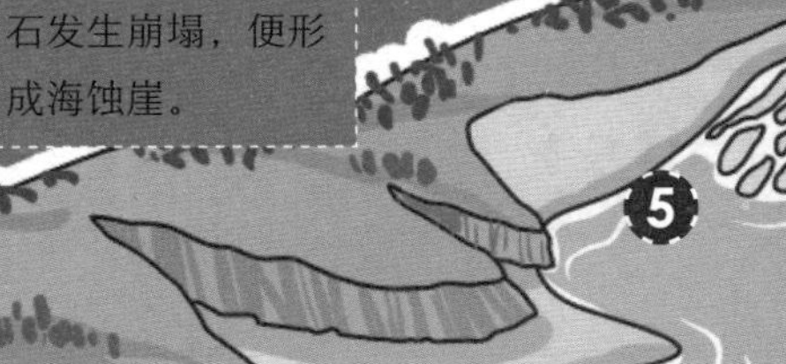

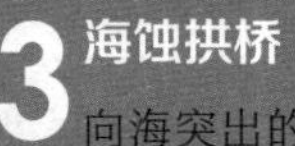

3 海蚀拱桥

向海突出的陡立岩石，因同时受到不同方向海浪的侵蚀，两侧的海蚀穴互相贯通，形成的像拱桥一样的景观。

三亚在海南岛的最南端，是中国东南沿海对外开放黄金海岸线上最南端的重要贸易口岸，也是中国通向世界的门户之一。如果你想看到各种各样的海岸地貌，不妨到三亚去找一找吧！

6 沙嘴

根部与陆地相连、前端向海伸展的一种海岸堆积地貌。低平狭隘，略似镰刀形。

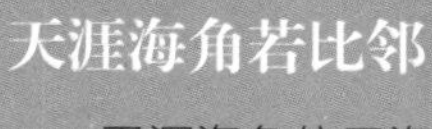

7 沙洲

河床、湖滨、海滨或浅海中，由泥沙堆积露出水面的沙滩总称。

4 海蚀柱

海蚀拱桥顶部崩塌后可能形成海蚀柱。

5 海滩

波浪作用在海滨堆积形成的向海缓斜的沙砾质滩地。

天涯海角若比邻

天涯海角位于海南省三亚市西 26 千米处的下马岭海滨，是古崖州重要的两大关隘之一。在天涯海角海湾内，海滩上耸立着经长期风化和海蚀造成的巨型石墩、石柱、石蛋，怪石嶙峋，屹立海边，这是大自然的杰作。来到天涯海角景区，除了能游览观赏到自然与人文景观外，相信每个人都会触发各种各样的联想和感悟。“海上生明月，天涯共此时”的亲情，“爱你到天荒地老，陪你到天涯海角”的爱情，“海内存知己，天涯若比邻”的友情，“独上高楼，望尽天涯路”的悲怆，“同是天涯沦落人，相逢何必曾相识”的慰藉，“天涯何处无芳草”的豁达，“海角尚非尖，天涯更有天”的超然，以及“海阔天空”的心态等。自然景观与人文情感的融合，正是天涯海角的独特魅力所在。

大小洞天藏福地

大小洞天位于三亚市区以西40千米的海滨，总面积22.5平方千米，景区已有800多年的历史。大小洞天风景区以其秀丽的海景、山景、石景与洞景号称“琼崖八百年第一山水名胜”。这里崖州湾弧弦百里、碧波万顷，鳌山云深林翠、岩奇洞幽，遍布神工鬼斧般的大小石群，宛如一幅古朴优美的山海图画，历代文人骚客莫不钟情于这一方山水。

中国称作南山的地方很多，广东的潮州、福建的莆田、四川的大足、陕西的西安等地都有南山。但大小洞天所在的南山却非常独特：其一，这是中国最南部的山，是名副其实、名正言顺的南山。其二，第三、四、五次全国人口普查结果显示：海南的人口平均寿命最高，而三亚市的人口平均寿命为海南之首，三亚平均每10万人中就有20位百岁老人。南山又为三亚之最，可见这里是实实在在的福泽之地、长寿之乡。其三，南山大小洞天一带集中分布有能成活数千年，被美誉为“南山不老松”的龙血树。目前此树种已濒临灭迹，但在三亚南山一带却生长着三万株之多，树龄逾千年的有两千多株，树龄最长的有六千年以上。福泽之地，养育千年古树；神仙之山，氤氲万古精灵。人们有足够的理由相信，南山是长寿之乡，“寿比南山”在这里当之无愧，“寿比南山不老松”正是这一景区的真实写照。

海南的大小洞天，而今只有小洞天依然屹立海滨，大洞天已经是“只在此山中，云深不知处”了。

行走在这样的地方，阳光像被水洗过一样清澈，海风徐徐拂面，带给人们的是心灵的静寂、灵魂的洗涤。

浪细沙白海阔天

亚龙湾距离三亚市 28 千米，是海南最南端的半月形海湾。亚龙湾海滩全长约 7.5 千米，一边是细细的白沙，一边是湛蓝的大海。

亚龙湾的美，是一份平静的美，内敛而含蓄。北面一脉青山，山势如无风时的海面，虽有起伏，却又是那般平缓。山上树木葱茏，一年四季都是一个模样。

转过头来看亚龙湾的南面，海中从东到西有三座岛——野猪岛、东排岛、西排岛。虽然是很小的岛屿，却阻隔了澎湃的汪洋，形成了一个海中之海。在亚龙湾 66 平方千米的领域内，生长着种类繁多的硬珊瑚和软珊瑚。亚龙湾的海水透明度极高，在这里欣赏珊瑚，可以发现大大小小、形态各异的热带鱼在珊瑚丛中进进出出，悠然自得。

欣赏着亚龙湾的美景，人们畅游在海水中，心旷神怡。即便不游泳，站在齐腰深的水中，也可以清晰地看到自己的趾甲，和砂石并列在一起，如同一片玲珑的贝壳。

下一站，探秘更多地貌

翻过一座山，越过一条河，
用脚步丈量我们的祖国。

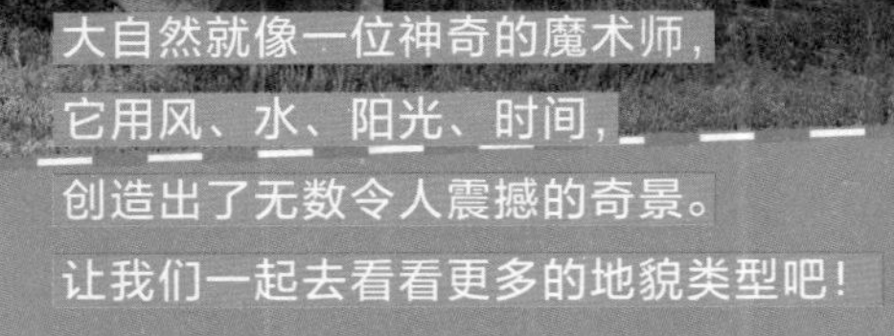

大自然就像一位神奇的魔术师，
它用风、水、阳光、时间，
创造出了无数令人震撼的奇景。
让我们一起去看看更多的地貌类型吧！

什么是地貌？

地貌又称“地表形态”，指地球表面的各种形态。它是在内力作用的基础上，由流水、风力、冰川和波浪等外力作用雕塑地表的结果。

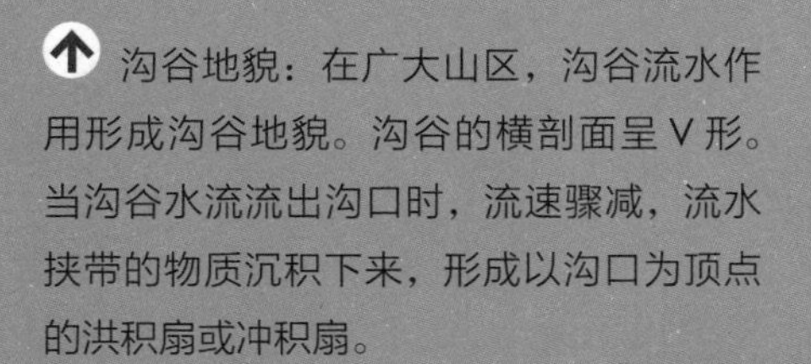

↑ 沟谷地貌：在广大山区，沟谷流水作用形成沟谷地貌。沟谷的横剖面呈V形。当沟谷水流流出沟口时，流速骤减，流水挟带的物质沉积下来，形成以沟口为顶点的洪积扇或冲积扇。

1 流水地貌

流水是地表常见的外力作用形式。流水塑造的地貌，称为“流水地貌”。主要包括沟谷地貌和河流地貌等。

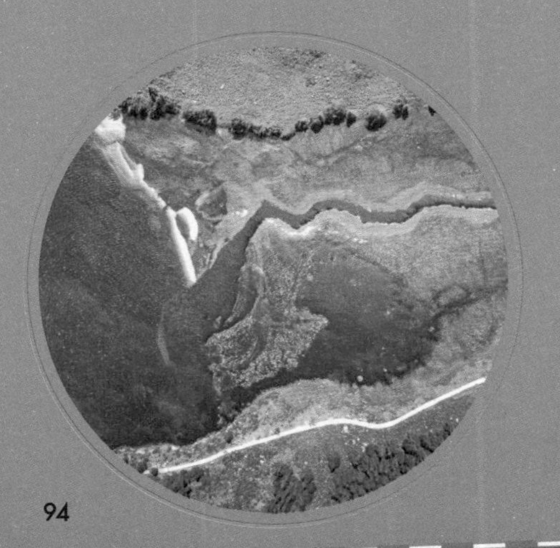

← 河流地貌：河流不停地搬运河水侵蚀下来的岩块和碎屑等物质，并不断地调整河谷的坡度、宽度和曲度。由于河流的侵蚀、搬运和沉积作用，形成了河谷、冲积平原和河口三角洲等河流地貌。

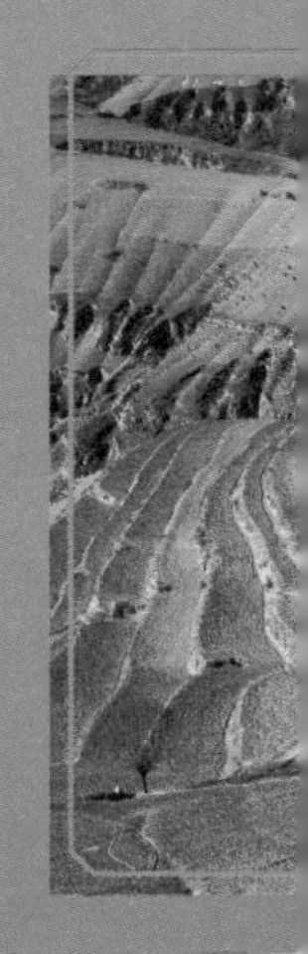

地貌的分类

关于地貌的分类，一般认为，普通地貌类型应按形态与成因相结合的原则划分，但由于地貌形态、地貌营力及其发育过程的复杂性，暂时没有统一的分类方案，一般采用形态分类和成因分类相结合的分类方法。

地貌形态类型指根据地表形态划分的地貌类型。世界各地的形态分类并不统一。中国的陆地地貌习惯上划分为平原、丘陵、山地、高原和盆地 5 大形态类型。

地貌成因类型指根据地貌成因划分的地貌类型。由于地貌形成因素的复杂性，也没有统一的成因分类方案。根据外营力，通常划分为流水地貌、湖成地貌、干燥地貌、风成地貌、黄土地貌、喀斯特地貌、冰川地貌、海岸地貌等。根据内营力，通常划分为大地构造地貌、褶曲构造地貌、断层构造地貌、火山与熔岩流地貌等。

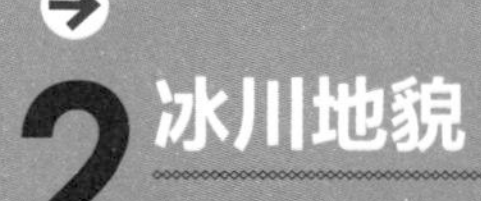

2 冰川地貌

冰川是指极地或高山地区多年存在并沿地面缓慢运动的天然冰体。冰川对地球表面的侵蚀、搬运和堆积作用，称为“冰川作用”。冰川作用导致地表形态变化所形成的地貌，称为“冰川地貌”。常见的冰川地貌主要有冰斗、冰川槽谷（U 形谷）、角峰和刃脊等。

3 黄土地貌

黄土在地球上分布广泛，中国是陆地上黄土分布最广、地层最全、厚度最大的国家。黄土地貌的特点是沟壑纵横，地面支离破碎，崎岖起伏，以及现代侵蚀异常强烈。黄土地貌的侵蚀与产沙不仅严重威胁黄土高原的生态安全，还影响到黄河下游的安危。

4 丹霞地貌

发育于侏罗纪至第三纪的水平或缓倾的巨厚红色砂、砾岩层中，沿岩层垂直节理由水流侵蚀及风化剥落和崩塌后退，形成顶平、身陡、麓缓的方山、石墙、石峰、石柱等奇险的丹崖赤壁及其有关地貌。这种地貌以广东省仁化县丹霞山最为典型，因此被称为“丹霞地貌”。中国的丹霞地貌已被列入《世界遗产名录》。

图书在版编目（CIP）数据

跟着课本游中国 / 日知图书编著.— 长春 : 北方妇女儿童出版社, 2024.2（2024.7重印）
（少年游学）
ISBN 978-7-5585-8093-2

Ⅰ.①跟… Ⅱ.①日… Ⅲ.①自然地理－中国－青少年读物 Ⅳ.①P942-49

中国国家版本馆CIP数据核字(2023)第228943号

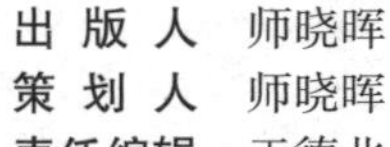

少年游学
跟着课本游中国
SHAONIAN YOUXUE　GENZHE KEBEN YOU ZHONGGUO

出 版 人　师晓晖
策 划 人　师晓晖
责任编辑　于德北
整体制作　北京日知图书有限公司
开　　本　710mm × 880mm　1/16
印　　张　6
字　　数　100千字
版　　次　2024年2月第1版
印　　次　2024年7月第4次印刷
印　　刷　天津市光明印务有限公司
出　　版　北方妇女儿童出版社
发　　行　北方妇女儿童出版社
地　　址　长春市福祉大路5788号
电　　话　总编办：0431-81629600
　　　　　发行科：0431-81629633

定　　价　34.00元